WUI网页界面设计

——HTML5.0+CSS3+JavaScript

WUI WANGYE JIEMIAN SHEJI

——HTML5.0+CSS3+JAVASCRIPT

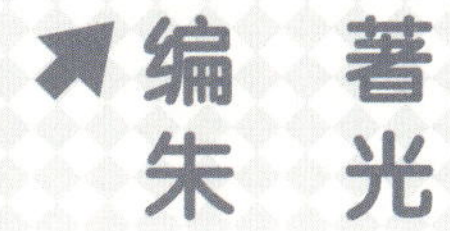

编 著
朱 光

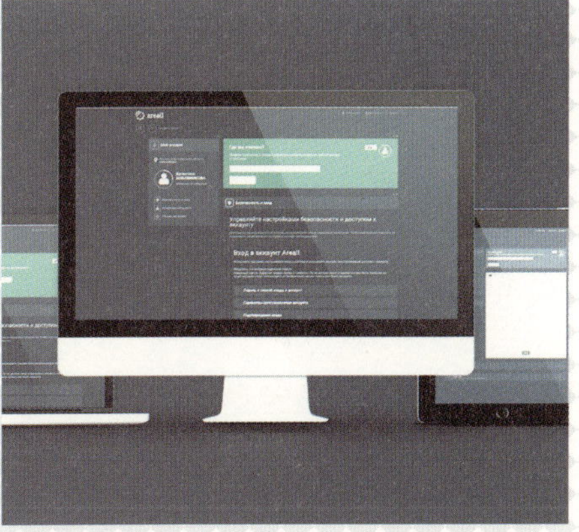

上海交通大学出版社
SHANGHAI JIAO TONG UNIVERSITY PRESS

图书在版编目（CIP）数据
WUI 网页界面设计：HTML5.0+CSS3+JavaScript / 朱光编著 . -- 上海：上海交通大学出版社，2019
ISBN 978-7-313-21589-5

Ⅰ . ① W… Ⅱ . ①朱… Ⅲ . ①网页制作工具—高等学校—教材 Ⅳ . ① TP393.092

中国版本图书馆 CIP 数据核字（2019）第 149798 号

总 策 划 海上图志 HAISHANG TUZHI
策划编辑 胡丽雯
责任编辑 蒋 雯 陈杉杉
设计总监 赵志勇
装帧设计 郁 悦
美术编辑 褚志娟

WUI网页界面设计——HTML5.0+CSS3+JavaScript

编　　著：朱　光
出版发行：上海交通大学出版社
地　　址：上海市番禺路951号
邮政编码：200030
电　　话：021-52717969
印　　制：上海锦佳印刷有限公司
经　　销：全国新华书店
开　　本：787mm×1092mm　1/16
印　　张：13.75
字　　数：363千字
版　　次：2019年8月第1版
印　　次：2019年8月第1次印刷
书　　号：ISBN 978-7-313-21589-5/TP
定　　价：64.00元

前言

WUI是Web User Interface的简称，即网页设计。UI是User Interface的简称，从字面上看包括“用户”与“界面”两个组成部分，但实际上还包括用户与界面之间的交互关系，所以它可分为3个方向：用户研究、交互设计、界面设计。也有人称它为Web前端设计。

网页制作是Web 1.0时代的产物，那时，网站的主要内容是静态的，用户使用网站的行为以浏览为主。2005年以后，互联网进入Web 2.0时代，各种类似桌面软件的Web应用大量涌现，网站的前端由此发生了翻天覆地的变化。网页不再仅仅承载单一的文字和图片，各种富媒体让网页的内容更加生动，网页上软件化的交互形式为用户提供了更好的使用体验。这些都是基于前端技术而实现的。

以前，掌握Photoshop和Dreamweaver就可以制作网页了。随着时代的发展，现在只掌握这些已经远远不够了。无论是在开发难度还是在开发方式上，现在的网页制作都更接近于传统的网站后台开发，所以现在不再单纯称为网页制作，而是称为Web前端开发或WUI。Web前端开发在产品开发环节中的作用变得越来越重要，而且需要专业的前端设计师才能做好。这方面的专业人才近年来备受青睐。Web前端开发是一项很特殊的工作，涵盖的知识面非常广，既有具体的技术，又有抽象的理念。简单地说，它的主要职能是将网站的界面更好地呈现给用户。

本书主要将从网页制作到前端设计布局、交互等整体网站建设流程、技术、规范的知识串联，以当前最新的编辑工具HTML5.0、CSS3、JavaScript、jQuery为主，以工具的基本功能及常用编辑技巧为切入点进行讲解，旨在为刚入此行业或是想踏入此行业的人士提供一个明确的学习思路，为后期深入学习起到梳理及引导的作用。本书共分为6章，具体包括：互联网概述、Web设计标准、Web页面设计流程、Web页面设计、Web前端设计、综合案例。

本书是笔者结合教学和实践经验、行业情况归纳并创作出版的以网页设计为主的技能类教材，案例的制作过程截图均为笔者原创。本书尝试通过实际制作的案例，将所需的软件知识以及美术知识穿插结合起来，避免单纯的软件参数讲解，使读者能更直观地了解网页设计的过程，提高综合制作能力。

由于本书是对整套网页设计体系的讲解，所涉及的应用工具多，知识范围广，因此在知识点或案例的筛选上若有疏漏之处，希望广大读者朋友批评指正。

编 者

2019年5月

内容提要

本书将艺术设计与代码技术相结合，实现了学科间的跨界融合，以满足当下网页设计工作的需求。内容主要包括页面设计技巧、Web标准、HTML5.0布局、CSS3修饰，以及利用JavaScript实现交互方式等，从设计师的角度出发，结合常规、流行的技术手段，介绍实现完整网页设计的全过程。

作者介绍

朱 光

毕业于东北师范大学，获艺术硕士学位；现任教于黑龙江东方学院视觉传达设计专业；黑龙江省艺术设计协会工艺美术分会副秘书长，中国设计师协会会员；曾出版教材《书籍设计》《Photoshop实用教程》，著作《美术理论与艺术设计》《现代设计简史》等；公开发表学术论文十余篇；参与完成“艺术设计知觉思维研究”“基于设计心理学的设计艺术教学改革研究”等多项省级课题。

目录

169 / 第六章 / 综合案例

212 / 参考文献 /

第一章　互联网概述

“互联网”一词对于我们来说既熟悉，又陌生。我们感到熟悉，是因为它已经在国内发展了几十年，硬件从早期的486、586台式机发展到现在的笔记本、平板电脑，软件从早期的OICQ、微博发展到如今的微信、自媒体，经历了快速的技术革新。但最近5～10年，我们似乎对互联网的认识有些模糊，如技术上的大数据、云计算、AI、5G网络等。这些都直接影响着整个社会经济发展的格局，提高了人们的工作效率，促进了人们生活方式的智能化等，同时也对传统行业的发展带来了巨大的冲击，如新兴的电子商务对实体销售的冲击等。这倒逼我们的专业教育、学科发展必须向跨界融合、智能创新方面转变。单一的学科模式已难以适应未来市场的人才标准。例如，Web前端设计、UI设计就是在原来静态网页设计的基础上，形成最新的行业标准，将视觉设计、代码构建、交互动效等融合创新，形成最新的Web前端设计（见图1-1）。

图1-1　全球网络时代的发展

互联网不等同于我们平时所讲的因特网（Internet）、万维网（World Wide Web）。互联网指的是利用某种彼此之间达成的统一协议进行通信联系的庞大网络系统，又称“网络互联”。互联网、因特网、万维网三者之间的关系是：互联网包含因特网，因特网包含万维网。凡是由能彼此通信的设备组成的网络就称为“互联网”。

因特网出现于1969年的美国，本是用于军方通信的阿帕网［美军在美国国防部研究计划署（ARPA）制定的协议］，后来发展出覆盖全世界的全球性互联网络。它使用TCP/IP协议使全球的计算机之间形成彼此的联系，是互联网的一种。

万维网只是一个基于超文本相互链接而成的全球性系统，是互联网提供的服务之一（见图1-2）。

图1-2　超文本链接系统

一、网络的发展

互联网的发展是基于因特网的发展而来的。1969年，美军在美国国防部研究计划署制定的协定下，将美国西南部的大学UCLA（加利福尼亚大学洛杉矶分校）、Stanford Research Institute（斯坦福大学研究所）、UCSB（加利福尼亚大学）和University of Utah（犹他州大学）的4台主要的计算机连接起来，世界上第一个分组交换实验网阿帕网（ARPANET）由此建成。

1980年，TCP/IP协议研制成功。1982年，阿帕网开始采用IP协议。

1986年，NSF（美国国家科学基金会）建成基于TCP/IP技术的主干网NSFNET，世界上第一个互联网产生。1995年，NSFNET开始商业化运行。

1989年，分类互联网信息的协议WWW（World Wide Web）诞生，基于超文本协议——在一个文本中嵌入另一个文本链接的系统。

1994年，我国支持建设了CERNET示范网络工程。这是我国第一个TCP/IP互联网。

2004年，伴随着WEB 2.0技术的升级，全新的互联网时代诞生，更注重用户的交互作用。用户既是网站内容的浏览者，也是网站内容的制造者。

2009年成为我国的3G元年，我国正式进入第三代移动通信时代。

2014年，移动互联网4G时代到来，移动通信和互联网结合的移动网络产业迎来了质的飞跃。截至2014年6月，在我国网民的上网设备中，手机使用率达83.4%，首次超越传统PC（整体使用率80.9%），手机成为第一大上网终端设备。同时，网民对于电子商务类、休闲娱乐类、信息获取类、交流沟通类等手机应用的使用率都在快速增长。移动互联网带动了互联网的各类应用发展。互联网发展从“广”到“深”，网民生活进入了移动互联新时代（见图1-3）。

图1-3 移动网络时代的崛起

二、网络协议

所谓“网络协议”，实际上就是网络运营商之间达成的一种传输标准，为运营商与运营商之间、计算机与计算机之间的信息传输提供方便。其具体方式是，将两台计算机的不同字符转换成标准的字符集后进入网络传送，到达目的终端之后，再变换为该终端字符集的字符（见图1-4）。

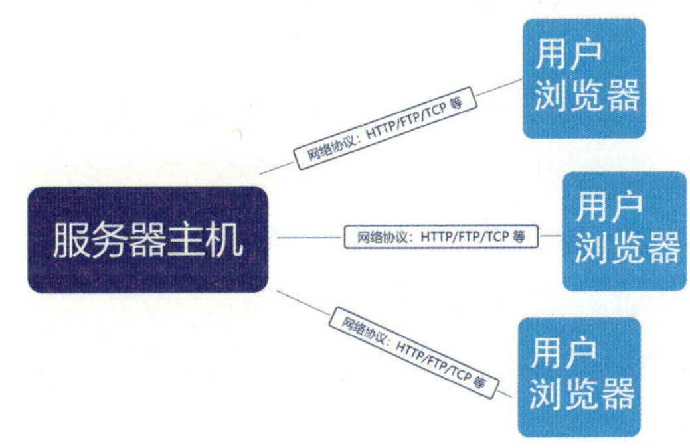

图1-4 网络协议

图1-5 超文本传输协议

三、超文本传输协议

超文本传输协议（Hypertext Transfer Protocol）是一种详细规定了浏览器和万维网服务器之间互相通信的规则，通过因特网传送万维网文档的数据传送协议。它可以使浏览器更加高效，使网络传输频率减少。它不仅能保证计算机正确、快速地传输超文本文档，还能指定传输文档中的哪一部分，以及哪部分内容首先显示（如文本先于图形）等（见图1-5）。

四、IP地址

IP地址就是一台计算机的准确坐标。当你想访问具体的某台计算机时，可以通过IP地址进行查找、传输。它就好比计算机的门牌号，是以TCP/IP协议制定的。

一个IP地址可用4组十进制数字表示，每组数字的取值范围为0～255，一组数字与另一组数字之间用点作为分隔符（见图1-6）。

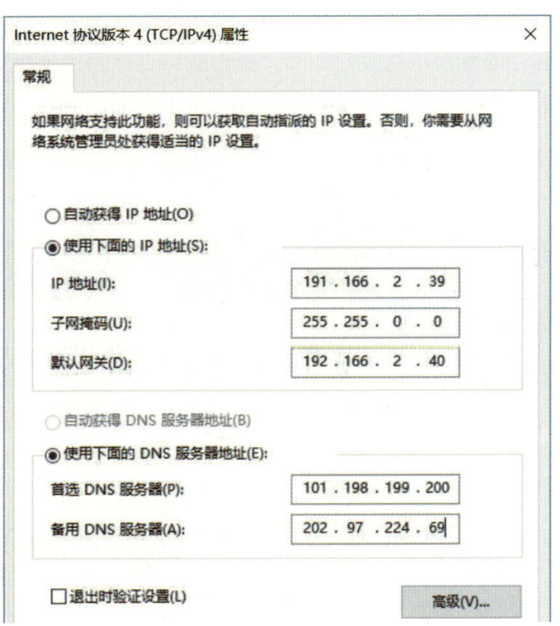

图1-6 IP地址

五、域名

域名就是计算机地址。在浏览器中搜索某公司、企业网站时，首先要有该网站的地址，才可能准确定位。域名和IP地址一致，但它的协议方式是分类互联网信息的协议WWW，通过点将名称隔开，利用不同的尾缀分类不同的所属行业、部门等。例如，“com”为商业组织公司，“edu”为教研机构，“gov”为政府部门，“net”为网络服务商，“org”为非营利组织等。最高层域名一般是每一个国家的域名，如CN（中国）、JP（日本）、UK（英国）等（见图1-7）。

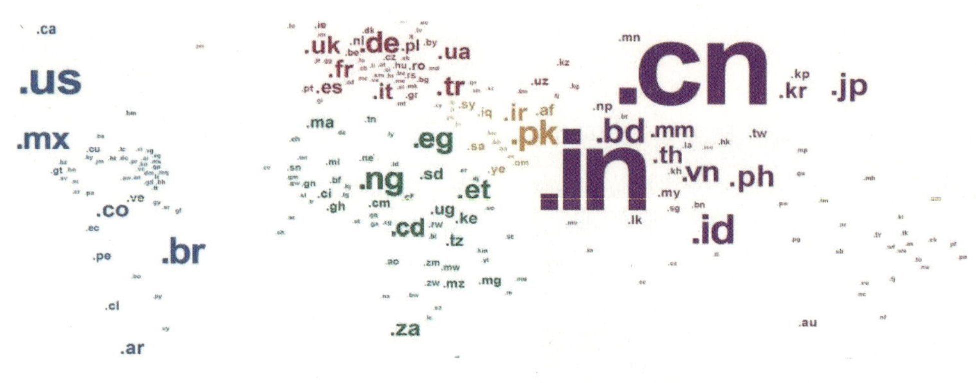

图1-7　网络域名

六、域名注册

域名的注册遵循“先申请，先注册”原则，根据《中国互联网络域名管理办法》，域名注册服务机构及域名注册管理机构需对申请人提出的域名是否违反第三方的权利以及申请人的真实身份进行核验。中华网库中的每一个域名都是独一无二、不可重复的。因此，在网络上，域名是一种相对有限的资源，它的价值将随着注册企业的增多而逐步为人们所重视（见图1-8、图1-9）。

图1-8　万网域名注册

单个查询
多个查询
wui
全部
.com
热
.net
.cn
促
.org
.com.cn
.net.cn
.name
.mobi
.wang

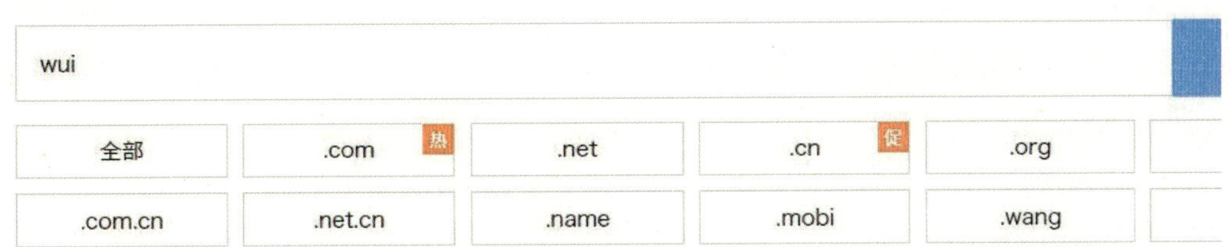

图1-9　查找想要注册的域名

（一）域名后缀的选择

域名的后缀代表了不同组织、机构或部门。例如，“.com”“.cn”“.com.cn”“.cc”适用于商业公司，“.net”“.net.cn”适用于服务机构和个人，“.org”适用于组织机构，“.gov”适用于政府部门，“.edu”适用于教育部门。注册时选择恰当的域名后缀将有益于搜索与识别（见图1-10）。

gov
org
int
biz
net
info
com

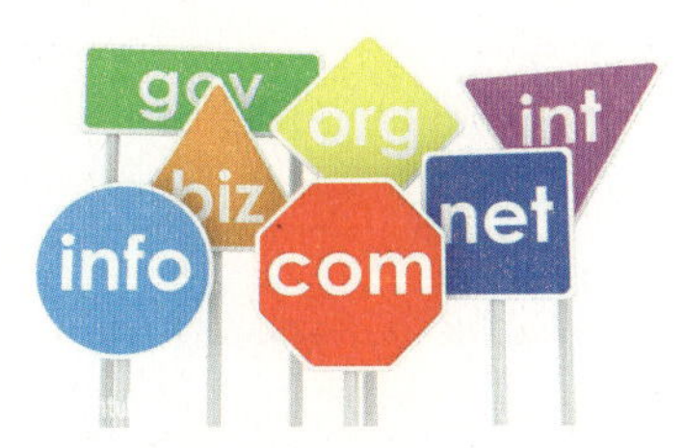

图1-10　各种域名后缀

（二）域名名称的选择

域名名称可以以英文命名，如英文字母的组合、英文单词的组合、英文与数字的结合；也可以使用拼音，如单拼、双拼、三拼、四拼、拼音结合数字等方式。

（三）域名的注册流程

登录域名注册网站，首先需要选择一种域名注册的后缀，一般优先选择“.com”。然后搜索域名是否已被别人占用。如果没有被占用，就可以注册。应尽量选择简短、好记、符合网站内容的域名（见图1-11）。

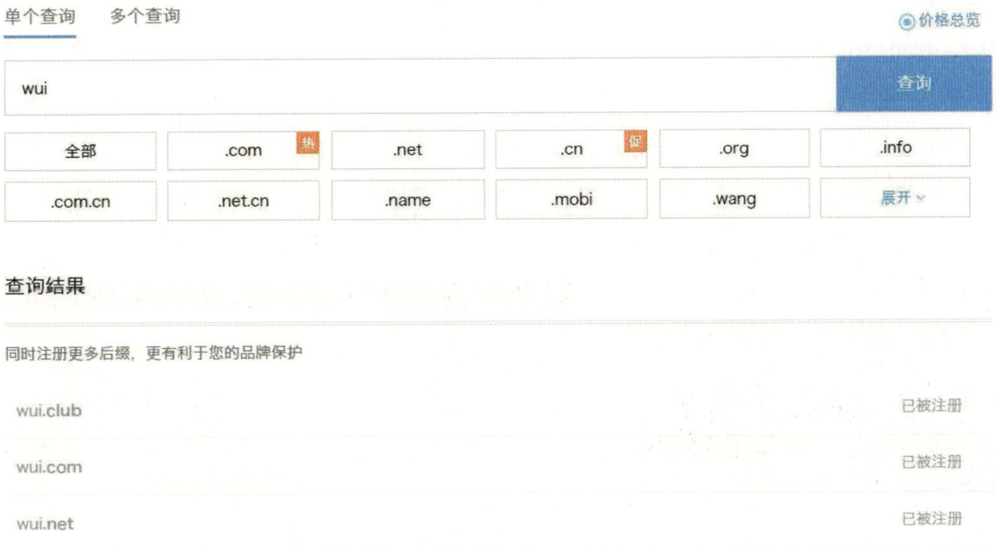

单个查询
多个查询
价格总览
wui
查询
全部
.com
热
.net
.cn
促
.org
.info
.com.cn
.net.cn
.name
.mobi
.wang
展开
查询结果
同时注册更多后缀，更有利于您的品牌保护
wui.club
已被注册
wui.com
已被注册
wui.net
已被注册

图1-11　查询域名是否被占用

七、购买虚拟主机

虚拟主机是指在网络服务器上分出一定的磁盘空间，供用户租用，以放置站点及应用组件，提供必要的数据存放和传输功能。

主机参数涉及两个方面：一是主机容量，容量越高，价格越高；二是支持的操作系统，Windows系统支持ASP语言，Linux系统支持PHP语言。

购买虚拟主机的具体方法如下：搜索可以购买主机的网站，进入网站后，选择购买主机的类型。注意，国内的虚拟主机是需要备案的，备案时间大概为一个月（见图1-12）。

图1-12 购买虚拟主机

八、网站的类型

网站的分类方式有很多。网站按照主体性质的不同可以分为政府网站、企业网站、商业网站、教育科研机构网站、个人网站、其他非营利机构网站以及其他类型网站等（见图1-13、图1-14）。

图1-13 黑龙江大学网站

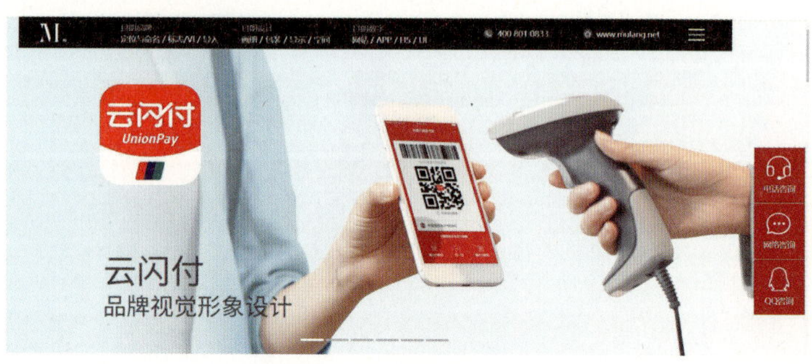

图1-14 目朗公司网站

按照功能的不同，网站可以分为企业网站、电子商务网站、门户网站。

企业网站以企业的形象宣传和产品展示为主，网站的内容较少，流行采用响应式或H5。其风格分为传统风格（多阴影、立体）和流行风格（见图1-15）。

电子商务网站以产品销售为主要目的，内容较多，产品多以图片进行展示，一般采用固定传统网站建设模式（见图1-16至图1-18）。B2B是公司吸引公司，如各大型公司网站；B2C是公司吸引个人，如天猫、京东；C2C是个人吸引个人，如淘宝。

门户网站的代表有网易、新浪、腾讯、阿里巴巴等。每个行业都有其代表性的行业门户网站，通过网站平台的搭建吸引企业入驻。门户网站的内容多，字多图少，以传递信息为主（见图1-19）。

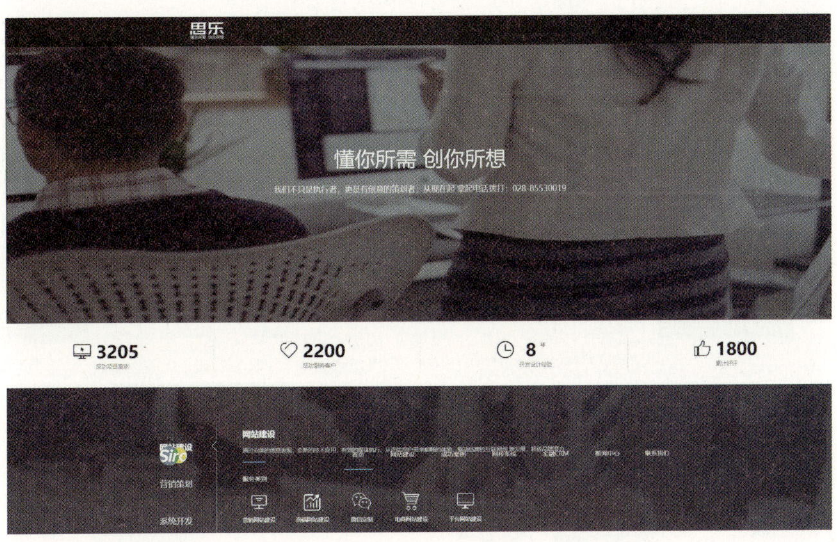

图1-15 思乐科技网站

图1-16 京东双十一网站首页

图1-17 淘宝网首页

图1-18 瓜子二手车网站

图1-19 腾讯主题页面

第二章 Web设计标准

第一节 Web设计标准概述

所谓“Web标准”，就是各公司在网站开发时要共同遵循的国际规范，以防后期应用时出现不兼容、垃圾代码等诸多问题。自2004年XML1.1推荐标准正式发布以来，网站设计已经进入标准化时代。

W3C（World Wide Web Consortium，万维网联盟）是制定网络标准的一个非营利性组织。W3C创建于1994年，研究Web规范和指导方针，致力于推动Web发展，保证各种Web技术能很好地协同工作（见图2-1）。标准发布网页主要由结构（structure）、表现（presentation）和行为（behavior）三部分组成。

结构标准主要包括HTML、XHTML和XML。

表现标准主要为CSS。

行为标准主要有文档对象模型ECMAScript等。

图2-1 W3C标准

Web标准制定的目的如下：①提供最大的利益给尽量多的网站用户；②确保任何网站的文档都能够长期有效；③简化代码、降低建设成本；④让网站更容易使用，能适应更多用户和网络设备；⑤当浏览器版本更新或出现新的网络交互设备时，确保所有应用能够继续正确地执行。

第二节　Web界面设计规范

近几年来，随着智能手机的快速发展，人们更多依赖于手机阅读的方式。这就要求我们在进行网页设计时不仅要使网页适应各种手机尺寸的需求，更要考虑用户在使用手机阅读时的真实体验。除手机外，其他媒介（如传统台式电脑、笔记本电脑、平板电脑、智能手表、汽车行车电脑、智能电视等）也都具有各自的用户群体（见图2-2）。为了方便用户在每种媒介上都能准确、有效、便捷、愉悦地浏览网页，就必须制定规范，以达到视觉效果及网页内容的统一。

图2-2　各种移动媒介

一、网页尺寸规范

（一）网页内容的宽度与高度

网页设计内容的高度和宽度，一种为固定值宽、高，为绝对值，单位为 px，如大型网站，其数据量大。图2-3所示为亚马逊网站，采用固定的宽、高。另一种为百分比，属于相对值，如小型网站、个人网站、宣传网站等可做成响应式网站。图2-4所示的中国一汽网站采用响应式布局；图2-5所示为当屏幕缩小时，界面发生变化以获得用户的最佳体验效果。

图2-3　固定式宽高布局（亚马逊网站首页）

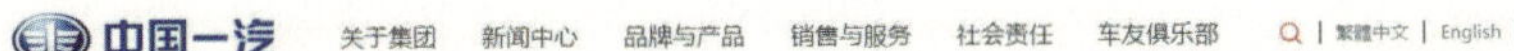

图2-4　响应式布局（中国一汽网站）

图2-5　响应式变化——导航隐藏（中国一汽网站）

（二）网页最佳视域制定

目前市场上主流的显示器分辨率有1 024 px×768 px、1 366 px×768 px、1 440 px×900 px、1 920 px×1 080 px。在设计网页时，首先要考虑网页最终能否在所有屏幕显示下都能适应，且得到最佳的视域效果（见图2-6至图2-8）。

图2-6　分辨率为1 366 px×768 px的屏幕

图2-7 分辨率为1 024 px × 768 px的屏幕

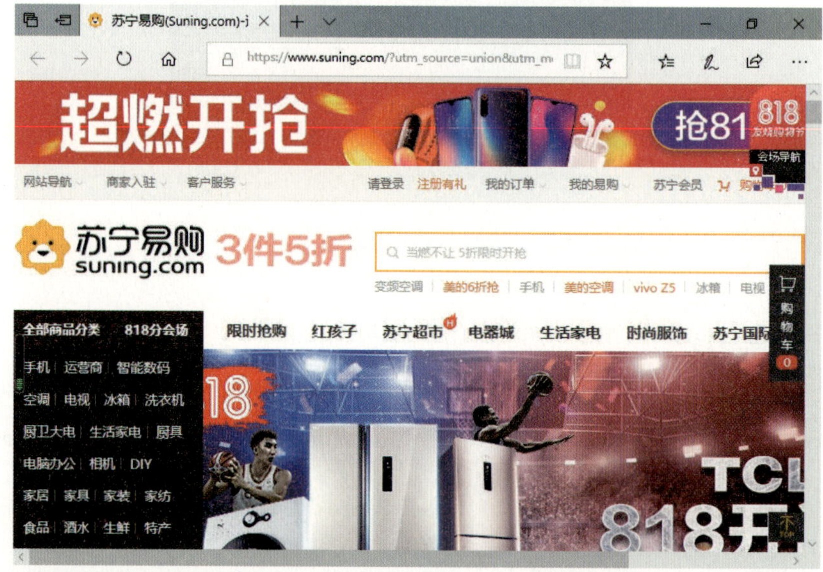

图2-8 分辨率小于1 024 px的屏幕

那么，我们先要确定最佳视域：以10 px为一个单位递减来设定设计宽度。例如，如果屏幕宽度是1 024 px，那么，设计网页的宽度一般为1 000 px（一般不取1 024，而取整数）或950 px；如果屏幕宽度是1 366 px，则网页宽度为1 200 px或1 000 px，以100 px为一个单位递减。依次类推，如果屏幕宽度为1 440 px，那么网页宽度为1 400 px、1 000 px或950 px；如果屏幕宽度为1 920 px，那么网页宽度为1 900 px或1 000 px。网页的高度根据网页内容的多少自动取值。

由于浏览器本身要占据一部分屏幕的显示区域，因此网页的完全显示尺寸等于显示器分辨率减去浏览器所占据的尺寸。网页安全宽度计算公式为：网页宽度=屏幕分辨率的宽度-浏览器垂直滚动条的宽度（20 px）。

当显示器分辨率为800 px × 600 px时，页面的横向显示尺寸在778 px以内，就不会出现横向滚动条；高度在428 px以内，则不会出现纵向滚动条。当显示器分辨率为1 024 px × 768 px时，页面显示尺寸在1 007 px × 600 px以内，则可在浏览器中全部显示。因此，在进行网页尺寸的设定时，要考虑当前主流的显示器分辨率和浏览器类型，为网页设置一个最佳浏览尺寸，并尽量在网页中以文字形式提示浏览者以什么样的分辨率可以得到最佳的网页浏览效果。如图2-9所示，横幅广告的设定宽度是1 880 px，是在1 920 px分辨率的显示器下显示的效果，没有出现横向滚动条。

图2-9　一汽官网横幅广告尺寸1 880 px在1 920 px显示器下的效果

不同分辨率及浏览器的首屏高度如图2-10所示。

浏览器	WIN10 (1280×1024)	WIN10 (1366×768)	WIN10 (1440×900)	WIN10 (1920×1080)
IE10	846	588	724	900
360	860	606	738	916
Chrome	888	636	766	946

图2-10　不同分辨率及浏览器的首屏高度

不同分辨率用户的占比情况（见图2-11）如下：

首屏高度低于或等于580 px的有116 786个用户，占44.64%。

首屏高度低于或等于720 px的有216 227个用户，占82.64%。

首屏高度低于或等于800 px的有241 420个用户，占92.27%。

首屏高度低于或等于900 px的有259 174个用户，占99.06%。

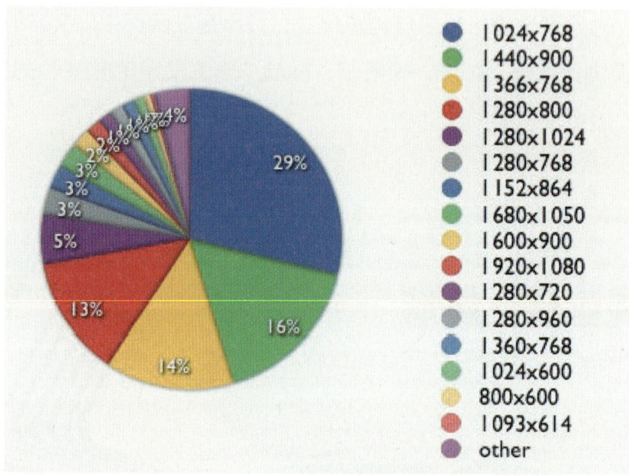

图2-11　不同分辨率用户的占比情况

建议将最主要的信息显示在580 px高度的范围以内（见图2-12）。

图2-12　不同浏览器用户所视屏幕范围

二、网站结构规范

（一）什么是网站结构

网站结构是指网站页面作为信息单元载体相互之间的组织关系，即网页之间的链接结构关系（见图2-13）。

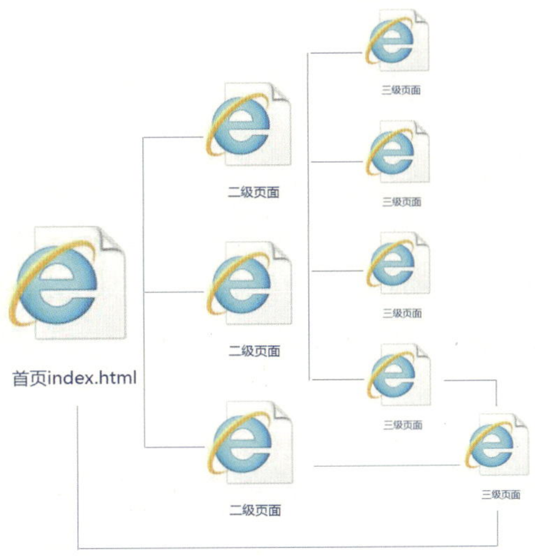

图2-13 常用网站结构

（二）网站结构规范的优势

1. 方便用户的体验

合理、规范的网站结构有利于用户快速寻找到想要的最终信息，提高阅读效率。同时，用户在多数情况下是漫无目的地游览，这就完全基于良好的导航系统，以及适时出现的内部链接、准确的锚文本。

2. 增加网站权重

一个优秀的网站除了外部链接能给内部页面带来权重外，网站本身的结构及链接关系也是内部页面权重分配的重要因素。哪些页面具备比较高的排名能力，取决于页面所得到的权重。

3. 提高关键词的搜索率

锚文本是排名算法很重要的一部分。网站内部链接锚文本是站长自己能控制的，所以它是主要的增加关键词相关性的方法之一。

（三）网站结构分类

1. 树状结构链接

树状结构链接类似于树枝的结构，树干是主页面内容，往下则是树枝——二级页面，以此类推。树状结构关系条理清晰、明了，浏览者可以明确知道自己所处的位置，不会迷失方向（见图2-14）。但是，树状结构链接有它不可避免的缺点，即如果从一个一级栏目的子页面到另一个一级栏目的子页面，必须经过首页链接，这样就降低了浏览的效率。

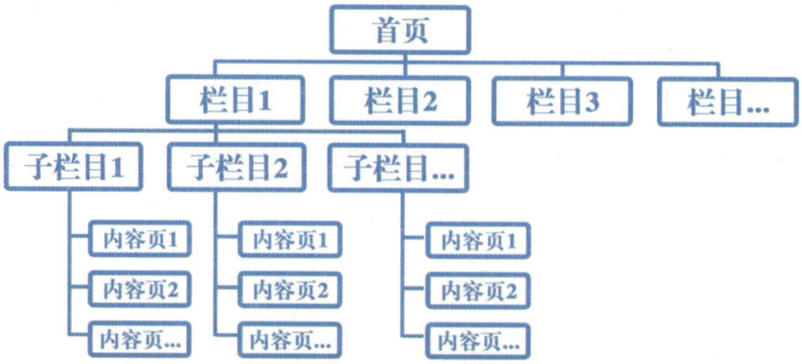

首页
栏目1 栏目2 栏目3 栏目...
子栏目1 子栏目2 子栏目...
内容页1 内容页2 内容页...

图2-14 树状结构链接

树状结构链接是运用最广泛的网站结构，几乎所有网站的信息内容之间都使用这种树形关系进行链接。图2-15所示为新浪财经的页面结构，采用的便是树状结构链接。新浪财经是新浪网的一级页面；该页面中每个链接所指的页面下又有各自的栏目链接，即二级页面；二级页面以下还有更低层次的页面。

图2-15 新浪网的一级页面——新浪财经页面

2. 并列结构链接

并列结构链接是指网站的页面链接相互之间是并列关系，类似于网络服务器的链接结构，因此也称为星状结构链接。并列结构链接的每个页面之间都建立了链接，且信息内容的模式和页面版式设计都较相似，可以使浏览者随时切换到自己想看的页面。并列结构链接的缺点是页面链接太多，浏览者容易在浏览过程中迷失方向，无法准确知道自己所处的位置。图2-16、图2-17所示的百度网页的链接就属于并列结构链接。

图2-16 并列结构链接①

图2-17 并列结构链接②

树状结构链接和并列结构链接既是网站的两种基本结构，也是当前网站结构设计中最常用的两种模式。两种结构链接各有优劣。在网站结构设计中根据实际情况灵活使用两种结构链接，既可以使页面结构更加清晰，又可以提高浏览的速度和效率。通常可以在首页和一级、二级页面之间使用并列结构链接，在二级、三级及以下级别页面中使用树状结构链接。这种方式兼具两种结构链接的优势，是当前网站结构较常用的设计方式。图2-18、图2-19所示的腾讯网、网易等大型综合网站均采用了两种结构链接结合的网站结构设计方式。

图2-18 腾讯网——两种结构链接结合的网站结构设计方式

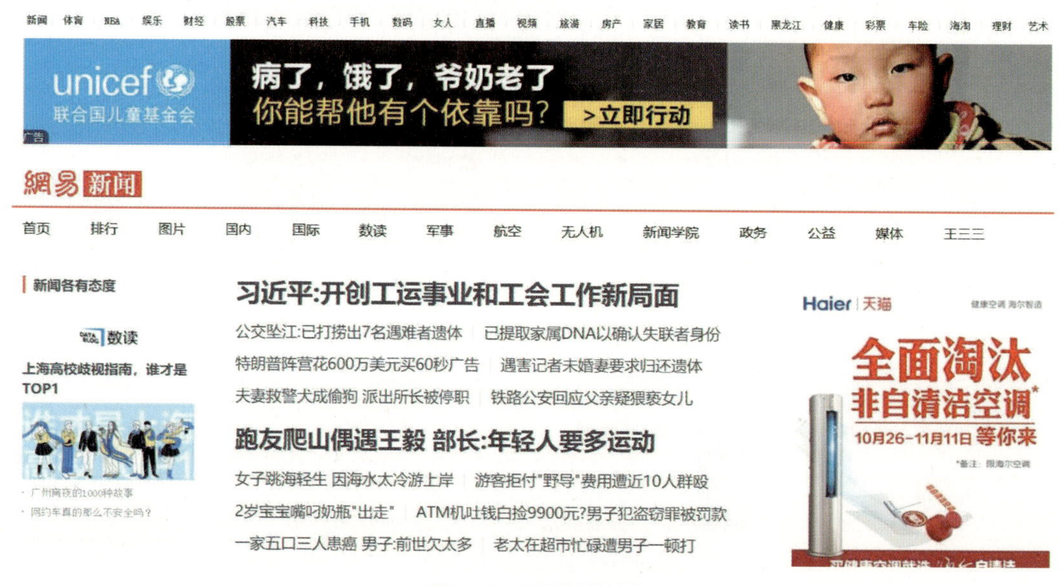

图2-19 网易链接结构

三、 功能模块规范

模块是个性化界面中的最小单位，呈现不同类别的信息。它可以分为导航模块、新闻模块、广告模块、搜索模块、注册留言模块、版权模块等。图2-20为京东官网各网页模块展示。

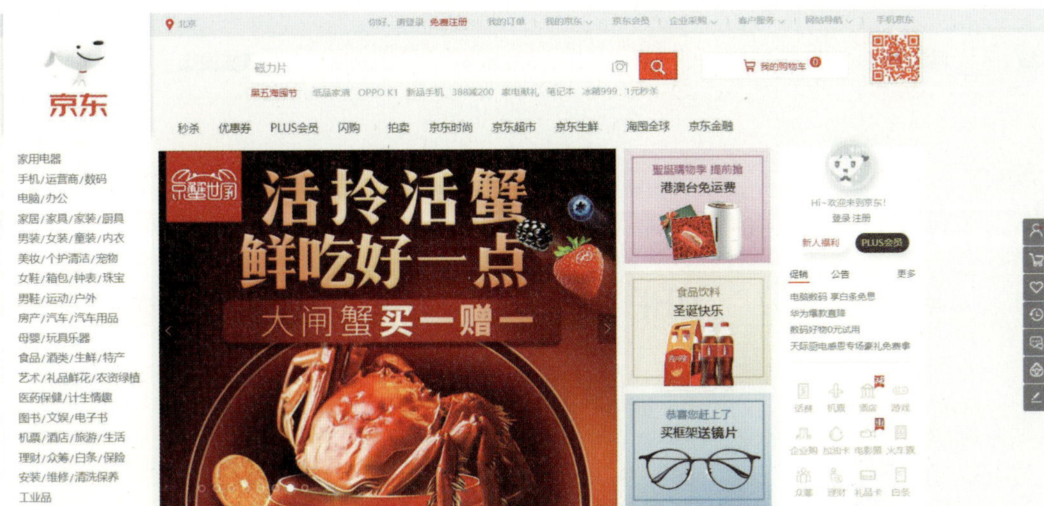

图2-20　京东官网各网页模块

（一）优化、规范模块的作用

（1）模块是个性化界面中的最小单位。合理、规范的模块可以提高网页的下载速度，有助于提高阅读效率。模块的使用不在于多，而应少而精。过于冗繁的模块设置不但会影响用户索引，还会形成网页内容垃圾，成为运行的负担。

（2）不同的模块具备各自的功能性。合理规范各个模块，有助于提升用户体验。

（二）模块的分类

1. 导航模块

导航（navigation）就是链接其他单元、页面等的指示按钮。用户在浏览页面时必然会不断地跳转到下一单元或页面。导航不仅要表达出页面与页面之间、页面与内容之间的逻辑关系，最重要的是能够提供给用户便捷的网页浏览和跳转方式。它是展示网站规模、设计风格、查阅方式的基础系统（见图2-21）。

图2-21　站酷网站首页导航

在视觉表现上，导航可以以文字、动画、图标和按钮等形式出现（见图2-22至图2-25），并根据网页的设计风格和版式类型进行设计与编排。其内容可分为全站导航、局部导航、辅助导航、上下文导航和友情导航几个组成部分。导航尽量不要使用12号加粗字，这样会导致复杂的文字难以辨认；采用14号加粗字较常见。

尚天猫 喵鲜生 天猫会员 电器城 天猫超市 医药馆 天猫国际 天猫汽车

图2-22　文字形式导航

图2-23　图标形式导航

图2-24　按钮形式导航

图2-25　动画形式导航

注：这里实际动态切换的横幅广告，也可以看作是品牌内容的导航形式

（1）全站导航。全站导航即主页面链接一级页面的导航或是并列内容单元的导航窗口，是整个网页中最主要的导航内容。其位置应最显著。它的设计影响着整个网站设计的基调。图2-26所示的“新闻”“国内”“国际”“图片”等链接窗口就是全站导航，是整个网站核心内容的集合。

图2-26　央视新闻网全站导航

（2）局部导航。局部导航是全站导航下的子导航，提供更明确、具体的链接信息，作用类似于副标题（见图2-27）。

中国领导人 央视快评 中国梦实践者 联播+ 政解 微故事 新闻+ 快看 威虎堂 小央视频 美丽中国 镜象 聚焦 见识 比划 网报

图2-27　局部导航

（3）辅助导航。顾名思义，辅助导航就是提供一些帮助、便利的链接内容，辅助用户体验，如充值服务、地图、礼品、红包等功能（见图2-28）。

图2-28 辅助导航

（4）上下文导航。上下文导航主要指在产品展示或是内容介绍时以一句说明性的文字作为引导链接。它可以使用户进入更加详细的页面内容（见图2-29）。

图2-29 上下文导航

（5）友情导航。友情导航主要提供网站的友情链接、联系方式、在线帮助等相关信息（见图2-30）。

图2-30 友情导航

优秀的网页导航设计应该是实用性与艺术性、便捷性与趣味性的完美结合。其中，实用性与便捷性是网页导航应该具备的最基本的特征。随着网页的发展与进步，浏览者对于导航系统的艺术性与趣味性的要求在逐渐增加。设计师应该把握好它们的关系，因为如果过度追求导航的艺术性和趣味性，就会牺牲网页在网络上的传输速度。一个过于繁复的导航动画所花费的传输和显示时间很快会将浏览者的访问耐心消磨殆尽，这样，艺术性与实用性之间就产生了矛盾。因此，设计师应该在满足导航系统的实用性和便捷性的基础上，大胆地为导航系统增加艺术性和趣味性。这是因为随着网页与动画软件技术的发展，富有创意的导航系统设计与网页之间已经建立起了沟通的桥梁，网页整体风格的构建离不开富有审美艺术情趣的优秀导航系统设计。

2. 新闻模块

新闻（news）模块是展示新闻信息或新闻索引的模块（见图2-31、图2-32）。

图2-31 新闻模块

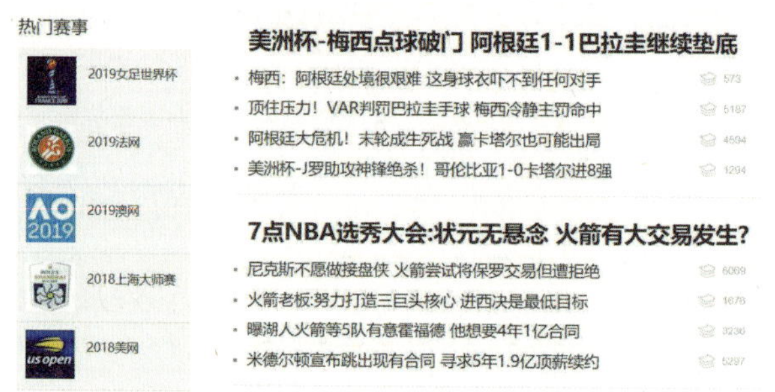

图2-32 新闻索引模块

（1）新闻模块的字体规范：内容部分、新闻标题、栏目标题等多使用14号左右字体；不要大面积使用字体加粗（见图2-33）。

图2-33 标准网站的字体规范

（2）文字链接形式不得超过3种颜色（规定其中一种为主链接色），如图2-34、图2-35所示。

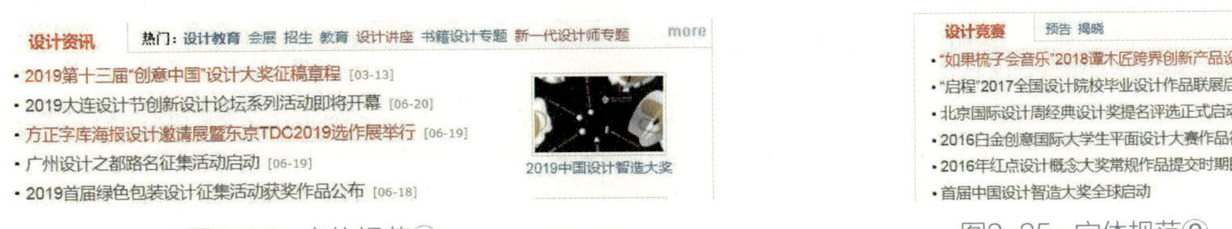

图2-34 字体规范①　　图2-35 字体规范②

（3）网页设计中的对齐与传统的印刷排版中的对齐概念是一样的，并且同等重要。并不是说一切都应该在一条直线上，而是应尽可能地保持一贯的整齐，不仅要左对齐，还要尽量右对齐，使设计更有序，更方便阅读（见图2-36）。

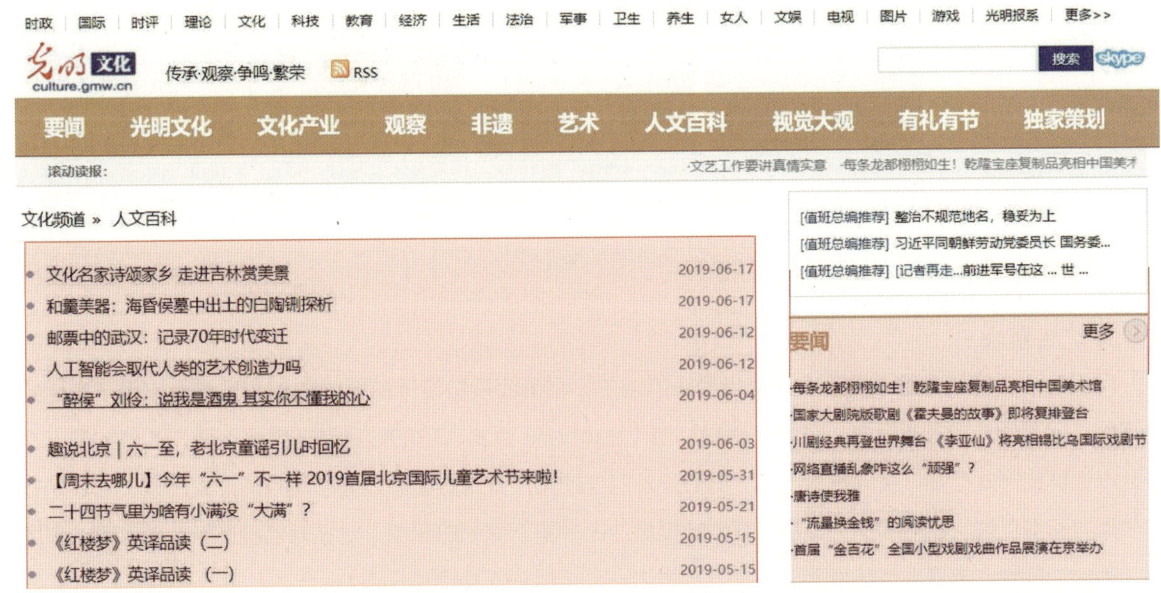

图2-36 对齐方式

首页上摘要前无须空格，正文应该前空两格，如图2-37、图2-38所示。

图2-37 首行缩进方式①

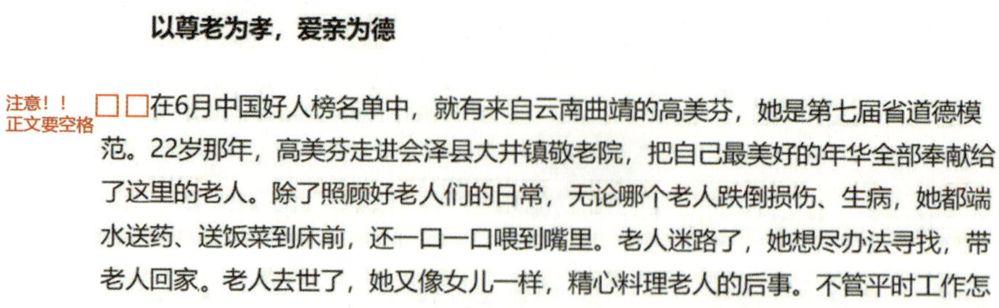

以尊老为孝，爱亲为德

注意！！
正文要空格

□□在6月中国好人榜名单中，就有来自云南曲靖的高美芬，她是第七届省道德模范。22岁那年，高美芬走进会泽县大井镇敬老院，把自己最美好的年华全部奉献给了这里的老人。除了照顾好老人们的日常，无论哪个老人跌倒损伤、生病，她都端水送药、送饭菜到床前，还一口一口喂到嘴里。老人迷路了，她想尽办法寻找，带老人回家。老人去世了，她又像女儿一样，精心料理老人的后事。不管平时工作怎

图2-38　首行缩进方式②

“豆腐块”四周应该空出均匀、适当的间隔（见图2-39）。

图2-39　规范审美

3. 广告模块

网页的广告模块是整个网页设计中最显眼的地方，是画面视觉设计的集中体现，更是商家用于宣传的重要阵地。网页的广告形式很多，主要以横幅广告（banner）为主。它的位置是在整个页面广告位的最上方，多数以滚屏的形式存在，常以极富创意、精心设计制作的图文并茂的动画或静态图片的形式出现。它具备较强的表现力和交互性，容易给浏览者带来强烈的视觉冲击并留下深刻的印象，对提升品牌形象有着不可估量的作用。因此，横幅广告是网络在线营销的有效方式之一（见图2-40至图2-45）。

图2-40　横幅广告①

图2-41 横幅广告②

图2-42 横幅广告③

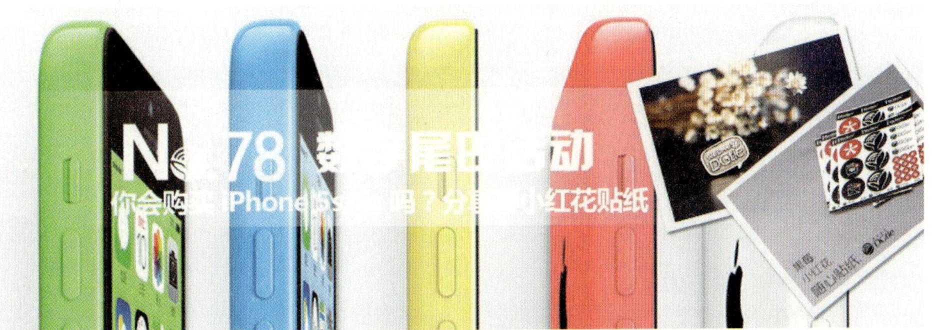

图2-43 横幅广告④

图2-44 横幅广告⑤

图2-45 横幅广告⑥

除了横幅广告外，还有很多形式的网页广告：插播式广告（interstitial）、电子邮件广告（email）、关键词广告（key words ad）、文字链接广告（text link）、浮动广告（floating icon）、赞助式广告（sponsorship）等（见图2-46至图2-50）。

图2-46 某游学网弹出式广告

通过多种方式引领发展。

您喜爱的音乐、电影、游戏和应用程序就在您的指尖。用骁龙处理器作为智能手机的核心，能够使您的设备运行的更长久、更强大、更高效。

了解我们的处理器的用途

图2-47 安卓游戏广告

图2-48 新浪网首页弹出式广告

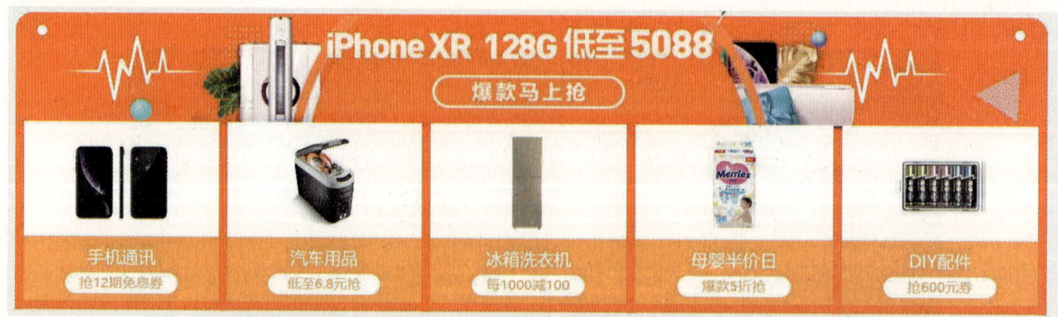

图2-49 某购物网站分类广告

图2-50 某网站留学专题广告

与传统的广告形式相比，网页广告具备高度的广泛性、即时的操控性、适宜的针对性、多向的交互性以及精准的评估性等特点，是网络信息时代最重要的广告营销手段之一。

（1）广告模块。禁止模仿任何Windows标准控件。Windows标准控件包括但不限于鼠标指针、按钮以及窗口控制按钮等（见图2-51）。

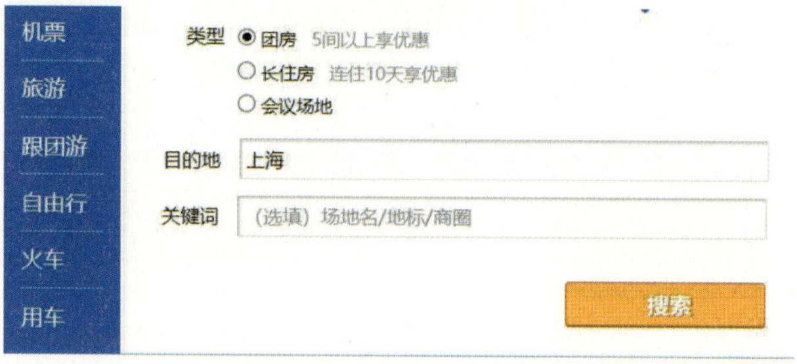

图2-51 Windows标准控件

（2）不要使用按钮做长句广告（见图2-52）。

图2-52 不使用按钮做长句广告

（3）广告内容、辅助信息或介绍性文字等一般使用12 px字号。

4. 搜索模块

搜索（search）模块是指用于网站中搜索信息的模块（见图2-53）。

图2-53 搜索模块

（1）文本框的规范如下：① 搜索文本框的长度应适中，应至少提供能显示10个中文字符的宽度。② 搜索组件中使用的文本框必须为单行文本框。③ 文本框的长度不得短于130 px，高度不得低于18 px。

（2）帮助信息一般包括三个方面内容：限定标签提示、热门关键词提示、标示性文字等（见图2-54）。① 限定标签提示一般放在搜索框的上面。② 热门关键词提示一般放在搜索框的下面。③ 标示性文字可设置为灰色（#cccccc）显示，单击输入框后，提示文字消失。提示文字应简明扼要，一般用于内容、用途、搜索范围等对用户有真正帮助的信息，“请输入关键词”这样的提示不应出现。

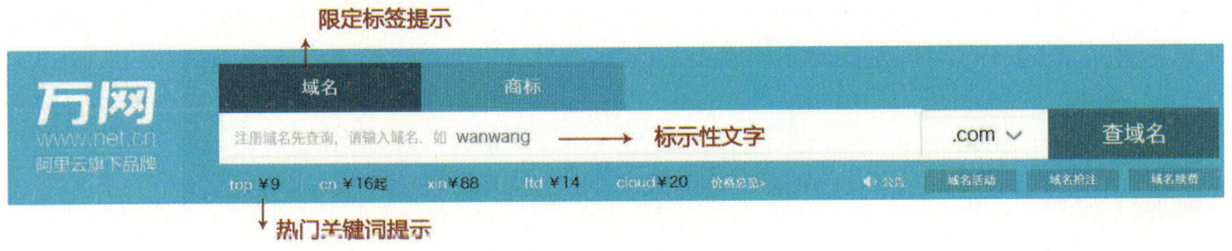

图2-54 帮助信息提示

（3）搜索按钮的规范如下：① 搜索按钮一般包含图标形式和文字形式两种。使用图标形式时，只能使用放大镜的图标，而不能采用其他元素（见图2-55）。使用文字形式时，搜索按钮的规范文字为“搜索”，应避免采用其他描述（见图2-56）。② 图标形式（放大镜）和文字形式可搭配使用（见图2-57、图2-58）。

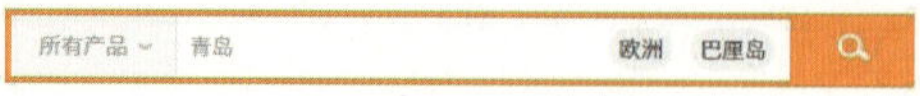

所有产品
青岛
欧洲
巴厘岛

图2-55 图标形式

搜索

图2-56 文字形式

搜索
搜 索
搜索
搜金币

图2-57 搭配使用①

搜索

图2-58 搭配使用②

留言板设置
是否允许匿名：
是
否
是否审核：
是
否
每页最多条数：
条
留言最多字数：
字
确定
取消

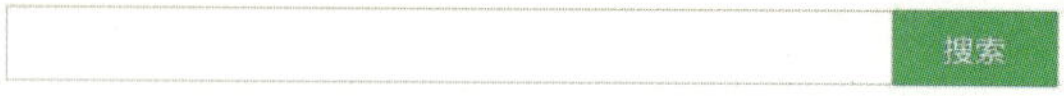

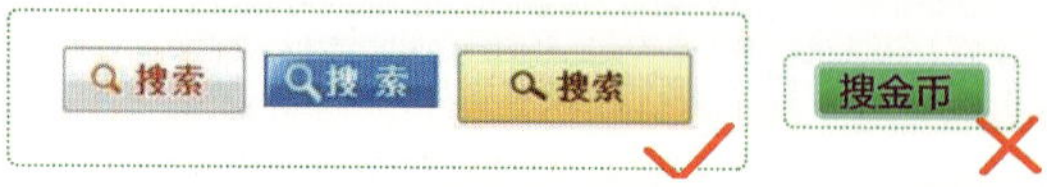

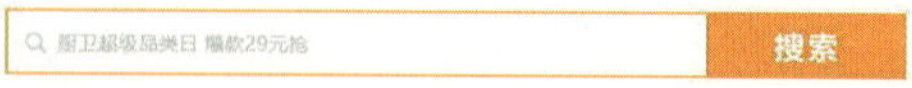

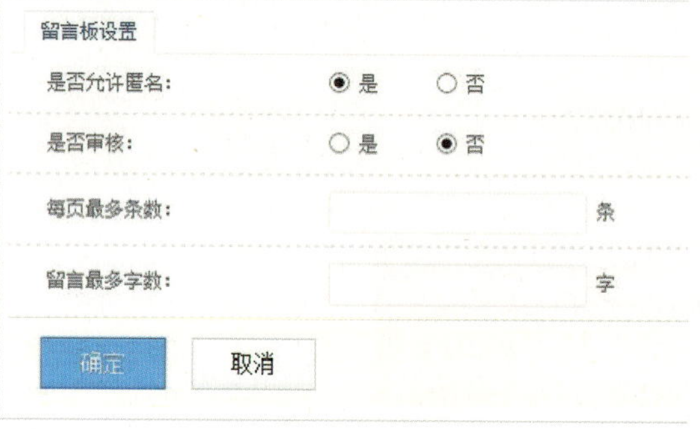

图2-59 注册留言模块

5. 注册留言模块

网站中注册留言（register）模块的规范事项与搜索模块相同，这里不再赘述（见图2-59）。

6. 版权模块

网站中的版权（copyright）模块如图2-60至图2-62所示。

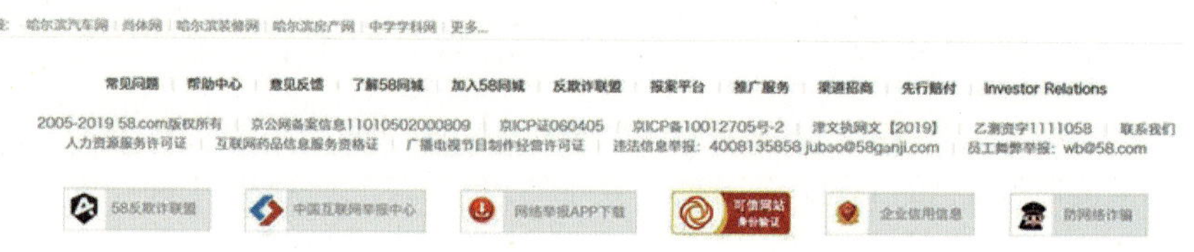

图2-60 版权模块①

各类许可证书
内部链接
版权声明 授权信息
企业 logo
企业 logo
外部链接

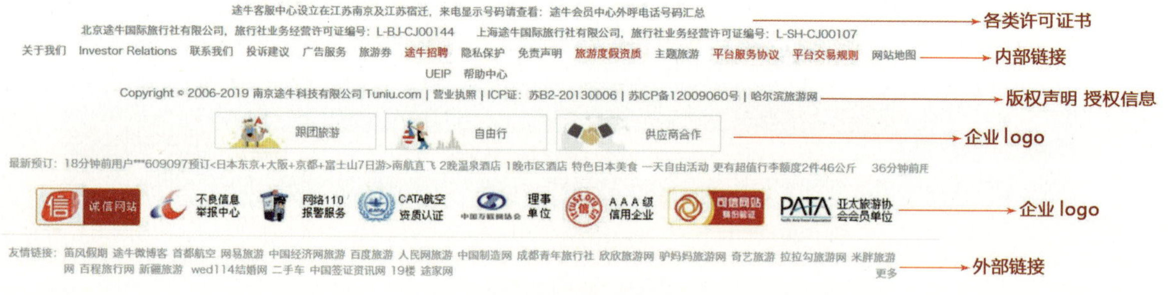

图2-61 版权模块②

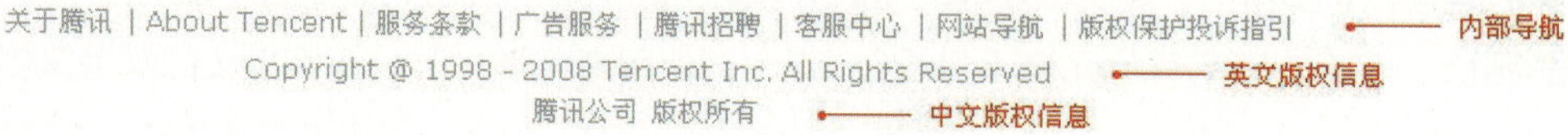

关于腾讯 | About Tencent | 服务条款 | 广告服务 | 腾讯招聘 | 客服中心 | 网站导航 | 版权保护投诉指引
内部导航
Copyright @ 1998 - 2008 Tencent Inc. All Rights Reserved
英文版权信息
腾讯公司 版权所有
中文版权信息

图2-62 版权模块③

版权模块内容包括内部导航、外部导航、各类许可证、授权声明、英文版权信息“Copyright ©”、中文版权信息、各类网络安全、工商证明、技术支持的logo。各链接的间隔处统一使用“|”，字号建议采用12 px，禁止使用加粗字体。

（三）网站模块设计规范

（1）同一个网站采用的模块化设计应该是统一的。例如，整个版面采用的圆角修饰弧度应是一致的（见图2-63）。同时，一个页面中不应出现超过3种以上的装饰元素。

图2-63 圆角装饰

（2）一个网站不要使用超过3种以上的字体，颜色使用也是如此。例如，我们可以采用一种字体，选择不同的字号；也可以定出主体文字的颜色，使用一两种辅助色进行搭配（见图2-64）。

图2-64 色彩控制在3种以内

四、网页文字编排规范

网页文字编排的总体原则是提高文字的辨识度和页面的易读性。

图2-65 logo部分的特殊字体①

（一）字体

1. 中文字体

网页设计中常用的正文字体为宋体、微软雅黑。特殊字体的使用常在logo（见图2-65至图2-67）、按钮、广告中出现，在此种情况下多转换为图片，便于后期代码编辑及各网站中的应用识别。

图2-66 logo部分的特殊字体②

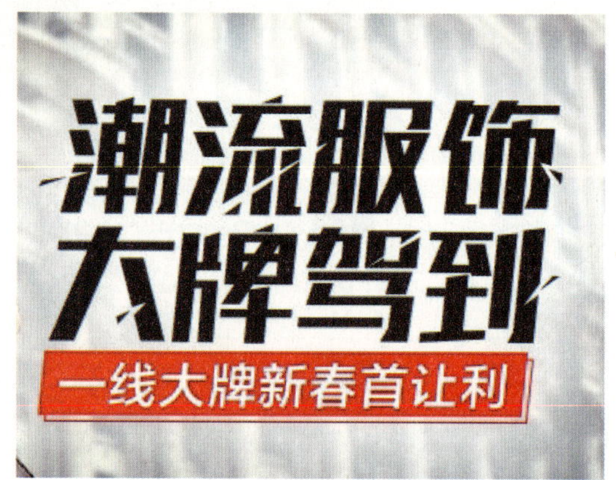

图2-67 logo部分的特殊字体③

2. 英文字体

（1）Arial字体。英文字体建议使用Arial字体。Arial字体与Helvetica、Univers字体并列为目前的标准无衬线字体（Sans Serif），其字形依据Unicode标准，包含多国语言文字在内。Arial字体的比例及字重和Helvetica字体（Mac系统使用的字体）极其相近。

Arial字体的优点是没有下划线贴边的问题，Q字没尾巴，字高整齐。其缺点是大写I与小写l无法区分（见图2-68）。

12号 Arial字体 WUI网页设计教程 Q
16号 Arial字体 WUI网页设计教程 Q
18号 Arial字体 WUI网页设计教程 Q
20号 Arial字体 WUI网页设计教程

图2-68 Arial字体

（2）Tahoma字体。其优点是字较宽，字母间距较窄，恒定为1 px（阅读单个字母有困难）；形态上符合汉字方块字的点阵字；能区分大写I与小写l。其缺点是12号字有下划线贴边的问题，Q字有尾巴，字高不整齐（见图2-69）。

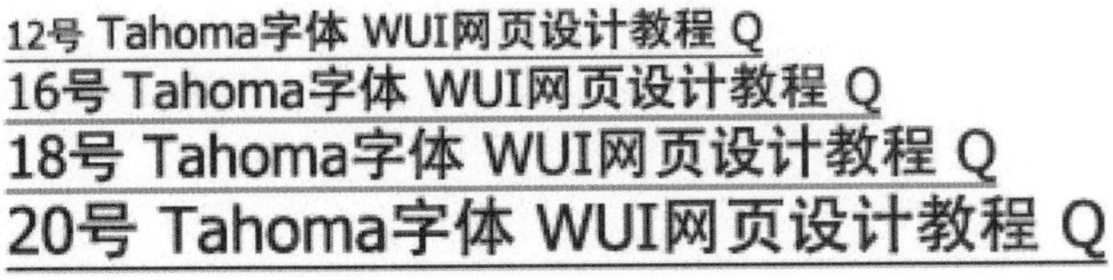

12号 Tahoma字体 WUI网页设计教程 Q
16号 Tahoma字体 WUI网页设计教程 Q
18号 Tahoma字体 WUI网页设计教程 Q
20号 Tahoma字体 WUI网页设计教程 Q

图2-69 Tahoma字体

（3）Verdana字体。其优点是没有下划线贴边的问题，能区分大写I与小写l。其缺点是字体较宽，字间距大，字形圆，同一距离内可显示字节比其他字体少得多；Q字有尾巴，字高不整齐（见图2-70）。

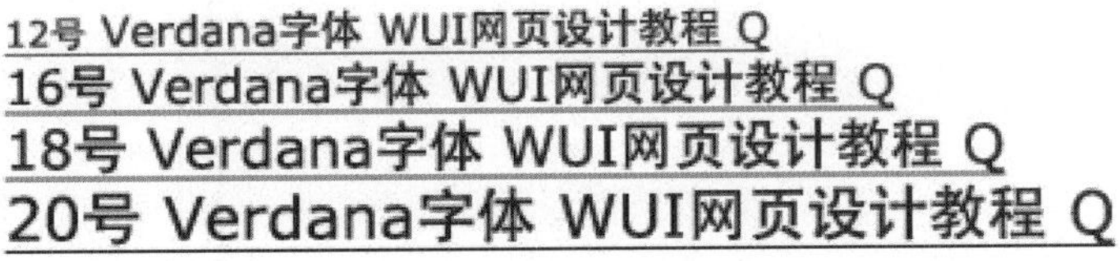

12号 Verdana字体 WUI网页设计教程 Q
16号 Verdana字体 WUI网页设计教程 Q
18号 Verdana字体 WUI网页设计教程 Q
20号 Verdana字体 WUI网页设计教程 Q

图2-70 Verdana字体

不同字体的具体应用案例如图2-71、图2-72所示。

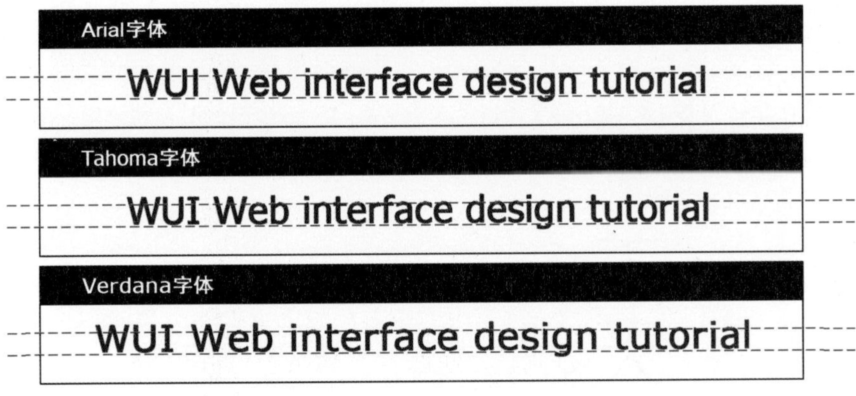

图2-71 系统自带并能与汉字匹配的点阵字比较

Arial字体

5月车企销量排行版的冠军没有意外，依然来自比亚迪。但可以看出，虽然比亚迪在2019年包揽了1-5月的销量冠军，但在5月比亚迪依然延续了上月的疲软态势，整体环比下跌7.8%。主力车型如比亚迪元、比亚迪e5以及比亚迪唐DM等表现差强人意，新款车型e1暂时还未能起到挑大梁的作用，比亚迪要想整体持续提升难度还是不小。上汽乘用车5月表现稳定，整体销量9648辆，基本与上月持平。但与上月不同的是，5月上汽乘用车的主力支持来自纯电动市场。荣威Ei5在5月销量达5488辆，占据上汽56.9%的销量份额。插混方面，荣威ei6和荣威eRX5两者销量总和为2451辆，占上汽总销量的25.4%。新上市

Tahoma字体

5月车企销量排行版的冠军没有意外，依然来自比亚迪。但可以看出，虽然比亚迪在2019年包揽了1-5月的销量冠军，但在5月比亚迪依然延续了上月的疲软态势，整体环比下跌7.8%,主力车型如比亚迪元、比亚迪e5以及比亚迪唐DM等表现差强人意，新款车型e1暂时还未能起到挑大梁的作用，比亚迪要想整体持续提升难度还是不小。上汽乘用车5月表现稳定，整体销量9648辆，基本与上月持平。但与上月不同的是，5月上汽乘用车的主力支持来自纯电动市场。荣威Ei5在5月销量达5488辆，占据上汽56.9%的销量份额。插混方面，荣威ei6和荣威eRX5两者销量总和为2451辆，占上汽总销量的25.4%。新上市

Verdana字体

5月车企销量排行版的冠军没有意外，依然来自比亚迪。但可以看出，虽然比亚迪在2019年包揽了1-5月的销量冠军，但在5月比亚迪依然延续了上月的疲软态势，整体环比下跌7.8%。主力车型如比亚迪元、比亚迪e5以及比亚迪唐DM等表现差强人意，新款车型e1暂时还未能起到挑大梁的作用，比亚迪要想整体持续提升难度还是不小。上汽乘用车5月表现稳定，整体销量9648辆，基本与上月持平。但与上月不同的是，5月上汽乘用车的主力支持来自纯电动市场。荣威Ei5在5月销量达5488辆，占据上汽56.9%的销量份额。插混方面，荣威ei6和荣威eRX5两者销量总和为2451辆，占上汽总销量的25.4%。新上市

图2-72 不同字体的使用效果对比

各主要网站logo字体的使用情况如图2-73所示。

字体：Helvetica Rounded Bold

字体：Alternate Gothic No. 2

字体：Yahoo Font

字体：Klavika (Modified)

Google

字体：Catull BQ

字体：Neuropol (Modified)

图2-73 各品牌logo字体样式

（二）字号

网页文字的常用字号为12 px、14 px、16 px、18 px。13 px也可酌情考虑使用，但因为13 px的不对称性，目前不是主流（见图2-74）。

天 12 px大小

天 13 px大小，请注意同样与14 px宽度的矩形对齐时，有一侧会有1 px的误差

天 14 px大小

图2-74 各种字号的对齐标准

（三）字体边缘

如果网页文字使用宋体的12 px、14 px、16 px字号，则文字边缘应设置为“无”；如果字号大于16 px，则文字边缘应设置为“Windows LCD”或“Windows”。如果使用的是微软雅黑字体，则文字边缘应设置为“Windows LCD”或“Windows”。

（四）行距

网页文字为12 px宋体时，一般使用的行距为8～9 px。

网页文字为14 px宋体时，一般使用的行距为10～11 px。

网页中的正文多采用14 px字号，行距可适当调整为10～16 px。

在Photoshop软件中，用行高的数值减去字体尺寸，就等于行距。段落中每一行的间距在文字的上下两边，且两边距离相等。

第三章　Web页面设计流程

设计需要制订计划和程序。不同的设计有不同的计划设定的程序，Web页面设计也不例外。Web页面设计从策划、设计、制作到发布需要一个完整而严谨的流程（见图3-1），以提高工作效率，达到事半功倍的效果。Web页面设计的流程主要包括调研分析、组织规划、Web界面设计、代码编辑、测试发布、网站推广、评估完善七大环节。

图3-1　Web页面设计工作流程

一、调研分析

（一）确定网站风格及用途方向

当接到客户需求后，首先要明确用户的行业方向，调查分析市场同类产品，考虑用户习惯，找到其宣传亮点，初步设定网站风格，并根据类型考虑整体框架及大的色调等网站构思。

（二）选择网站发布的网络

根据覆盖规模和区域不同，网络可分为Internet、Intranet和Extranet3种类型。Internet即国际互联网，是覆盖全球的计算机网络，因此建立在Internet上的站点可以被公众访问。Intranet是指企业内部网络，是Internet技术在企业内部的应用，主要用于企业的内部交流，其访问是受控制的。Extranet是一个使用Internet/Intranet技术，使企业与其客户和其他企业相联来完成其共同目标的合作网络。Extranet可以作为

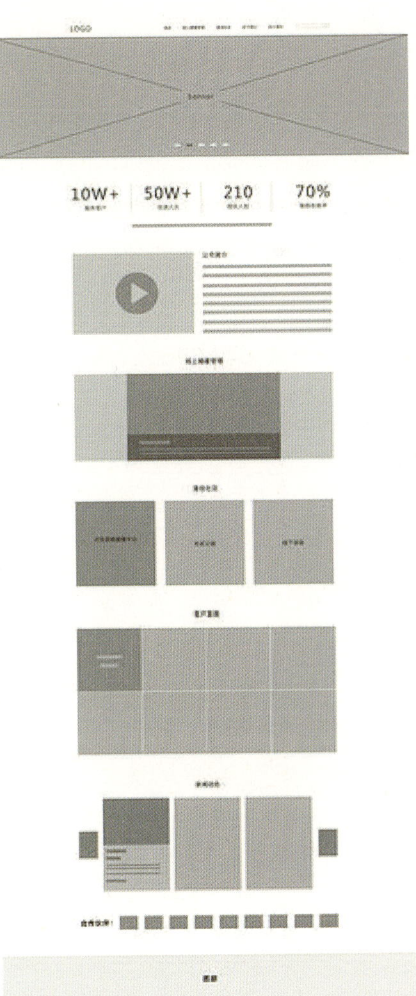

图3-2 原型图是与客户沟通的第一步

Internet和Intranet之间的桥梁。它既要使消费者得到最准确的公开数据，又要防止竞争对手看到企业的核心机密。因此，它是介于Internet与Intranet之间的独特环境。例如，当代物流货运行业网站中的货运跟踪系统就是一种Extranet，FedEx的货运跟踪系统是较早的Extranet。

二、组织规划

（一）制作原型图

原型图是将页面的模块、元素、人机交互的形式利用线框描述的方法展示给客户。在得知用户的需求之后，设计师依照项目规划完成原型图的制作。它是建立设计构想的第一步，一般由公司的项目经理来完成，主要由项目经理将整体设计构思，包括各功能模块的构建、元素使用的基本风格特征、交互方式进行统筹阐述，之后交给网页设计师及交互设计师（见图3-2）。

（二）编辑交互脚本

当原型图制作完成后，网页设计师首先与交互设计师沟通，探讨交互方式的可行性，包括技术实现、用户体验方面，达成统一意见后，由交互设计师编写交互脚本。它通常包括以下阶段：首先，将网页框架内容分门别类，建立它们之间的逻辑组关系；其次，考虑各级页面之间的树状结构，形成信息网络；最后，考虑各信息单元或页面之间的交叉联系。此阶段具有类似于编剧的作用。

三、Web界面设计

此阶段开始系统化的设计，要将网页的每一页内容及单元细节设计好。Web界面设计非常注重布局以及排版。尽管Web界面设计不同于平面设计，但它们之间有很多相似之处。Web界面设计中的版式设计通过文字、图形之间的组合来表现出和谐的效果。为了实现较佳的视觉表现效果，设计师应该以调查分析和组织规划这两个阶段为依托，注重页面设计的计划性、整体性和准确性，以高质量的网页形式设计为网页内容和功能服务，使浏览者有一个良好的视觉体验（见图3-3），详见第四章“Web页面设计”。

图3-3 网站设计系统

四、代码编辑

早期的网页设计师的工作主要集中在页面的静态设计上。目前，随着网络技术的发展、各种富媒体及动效交互技术的实现等，网页设计需要设计师的统筹规划。因此，单一的页面设计能力已经远远满足不了设计市场的需求。此阶段包括网页布局的实现（利用HTML及CSS语言编辑）和交互效果的实现（利用JavaScript和jQuery语言编辑）（见图3-4）。详见第五章“Web前端设计”。

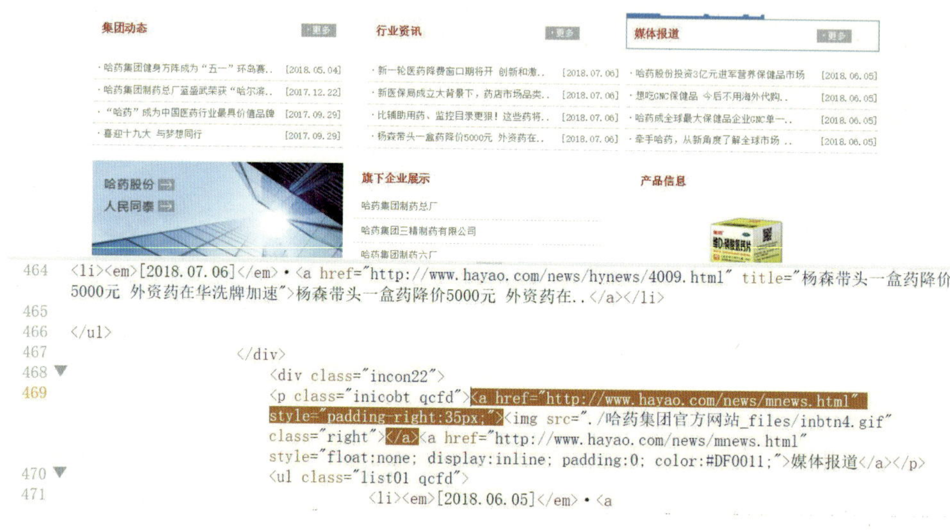

图3-4 代码实现设计

五、测试发布

网页设计完成以后，在发布之前应该对网页进行全面的测试。

测试一般包括以下内容：

（1）浏览器的兼容性测试。对不同浏览器的不同版本测试网页的运行和显示状况是否正常。

（2）操作系统测试。在不同的操作系统下，测试网页显示效果是否一致。

（3）分辨率测试。在显示器分辨率为1 024 px × 768 px与800 px × 600 px的情况下测试网页有哪些变化。

（4）HTML语法检查。不正确的HTML语法不仅会影响浏览器的编译速度，而且可能会导致页面在兼容性差的浏览器中出错。

（5）链接情况检查。帮助检查页面上所有链接是否正确，有没有死链接。

（6）下载时间测试。测试网页在不同连接速度下的下载时间，并且指出被测试页面所链接的文件（图片文件、框架页面、样式表文件及脚本文件等）中哪个过于庞大。

（7）拼写检查。检查网页上的中英文语法错误。

所有测试都满意后，网页就可以上传到相应的网络服务器上进行发布了。

六、 网站推广

网站推广是整个网站建设过程中的一个重要环节。它将为浏览者打开通往网站的大门，拓宽获得信息反馈的渠道，真正实现网站作为交互平台的意义。在网站多如繁星的互联网中，如果某个网站没有浏览者访问，这样的网站将是一座“信息孤岛”，无法实现既定的网站信息推广和其他相关目标。

目前，网站的推广可以通过两种途径实现：其一，可以利用如电视、报刊、宣传册等各种传统媒体进行网站的推广。这些方式有助于在消费者和浏览者心中形成初步的网页印象。其二，利用互联网的传播力量进行推广。例如，在各类搜索引擎做活动推广，提高网站在搜索引擎中的搜索率和排位率；在其他网站上投放横幅广告与设置友情链接，通过网站之间的横向联系进行推广与宣传；利用论坛和新闻讨论组的交互传播力量来强化网站在浏览者心目中的形象等。这些方式都是很好的网站推广方式。

七、 评估完善

网页不同于传统媒体的一个重要的方面是网站本身长期的使用性和信息更新的高频率。因此，网站推广绝不是网页设计的最后一个阶段。网站必须利用各种反馈信息对网站信息内容不断进行增加和更新，对网站本身不断进行修复和完善。获取反馈信息的途径很多，如提供访客调查和统计服务的专门网站具体可以提供如访问时间、IP地址、国家地区等按不同时间周期统计的各种数据信息。另外，可以使用网站中的各种统计技术，如留言板、论坛、调查表、计数器等。通过这些网站和技术所获得的用户反馈信息和数据，能够为网站管理者和设计师评估与完善网页提供最直接的意见和帮助。

第四章 Web页面设计

第一节 网格构成

网格划分原本是平面设计中报刊设计的重要环节，后引用到各个领域作为版式骨骼的设定规范（见图4-1、图4-2）。网格在屏幕上本身就存在。事实上，屏幕是由每英寸72个像素点构成的，其竖直和水平排列构成的结构就是网格。所谓网格设计，就是将它们按照功能区块划分，形成大小不一的区域，在满足功能的基础上，使画面更具形式美感。

依照网格的支配来完成文字、图像、图标、色彩等元素的设计协同过程即网页的版面创作过程。它既会使设计更加轻松、灵活，也会让设计师的决策过程变得更加简单。网格形式有很多，其中常用的方式有骨骼型网格、满版型网格、对称型网格、焦点型网格、曲线型网格、三角型网格等。

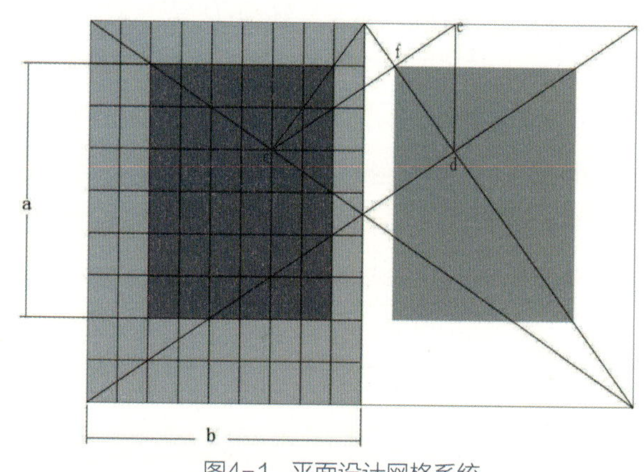

图4-1 平面设计网格系统

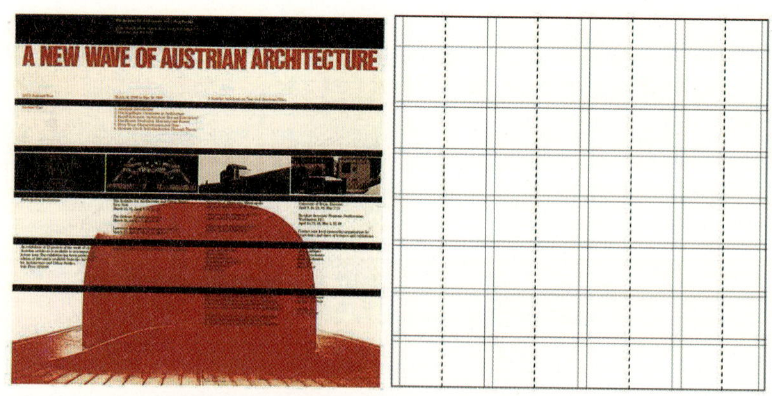

图4-2 书籍设计网格系统

网格的使用也为设计师改版提供了更精准、便捷的方式。如今，市场经济快速发展，产品更新周期缩短，为了更高效地宣传，网站无疑是最佳的选择。因此，很多电商网站在很短的周期内甚至需要每天更新网页内容，还要保持网页设计的新鲜感。在此情况下，网格的运用更有利于设计师做出可靠的决定，从而有效地利用自己的时间。图4-3、图4-4为某网站2016年和2017年的网站首页。

图4-3 2016年首页

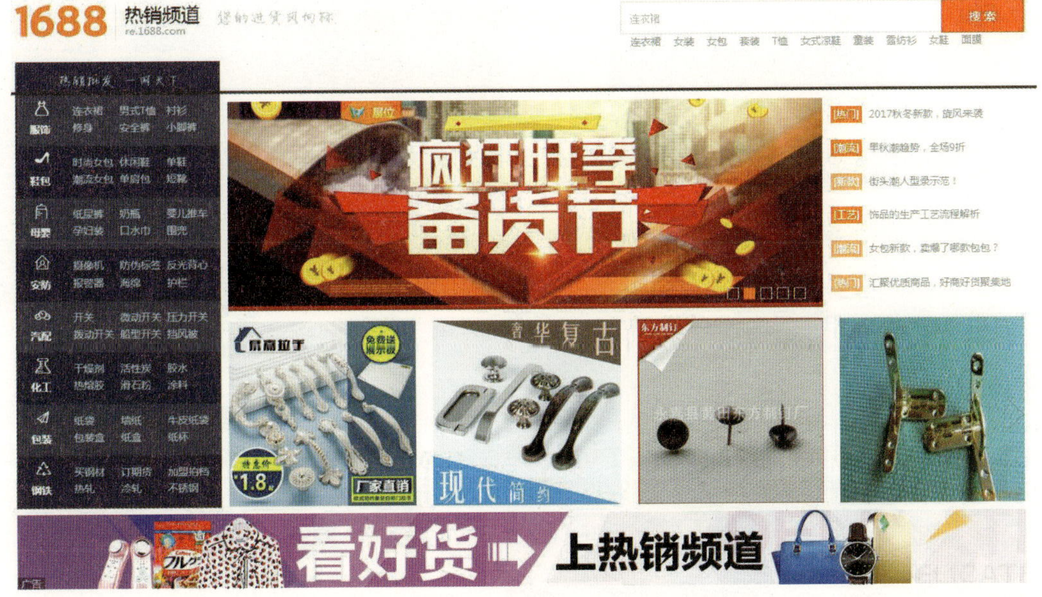

图4-4 2017年首页

一、网格的优势

（1）网格是设计元素的框架结构、功能区块，可以让网页更具秩序性、连续性。

（2）网格的使用有助于网站的更新，且在应用时不容易出现加载错误。

（3）网格鲜明的功能区块有助于用户体验，可以帮助用户更好地阅读、交流。

（4）网格促使各个设计方式彼此协作而不是互相削弱（见图4-5至图4-7）。

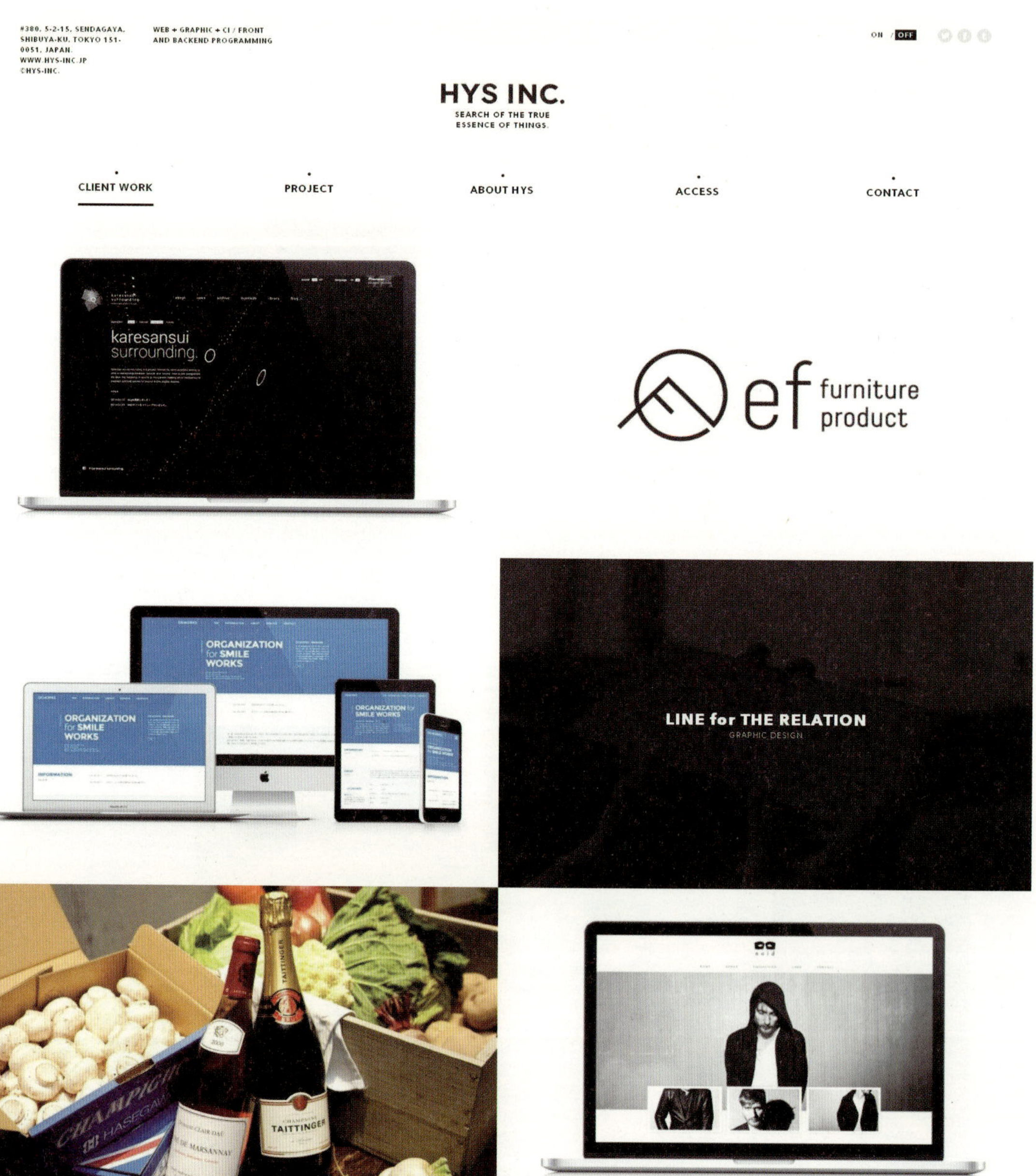

图4-5 规整、严谨的网格编排使网页信息一目了然

图4-6 秩序化的网格方式、按钮的统一性使读者容易理解、接受

图4-7 活跃的编排符合主题特点，凸显网格的内在魅力

二、网格的设计原则

（一）功能性为前提，美观在其次

划分网格的依据就是功能区块。首先要按照各功能模块的地位进行主次划分、位置编排；其次是在划分好的范围内配置设计元素，使画面在内容与形式上统一，节奏层次明确，形成形神兼备的艺术作品。

（二）网格是用户体验的重要组成部分

网格设计的潜在视觉导向十分重要，优秀的网格编排会帮助用户完成愉快的视觉享受过程。网格的功能类似于导购员。例如，在某电商网站购物时，网格似乎在引导用户找到他所要到达的地方，哪一“楼层”、哪一类商品，它都会清晰、明了地展示，帮助用户完成购物过程。同时，它也会吸引用户去一些商家大力宣传的商品页面，实时扮演主导者的角色。因此，网格潜在的巨大作用不容忽视。图4-8为某汽车品牌的主题页，各项设计元素井然有序，产品的各种配件、参数配置等一目了然，似乎可以让用户自己体验改装汽车的过程。

图4-8　某汽车品牌的主题页

（三）网格越简单越有效

网格的设计不要过于冗繁，要考虑用户的实际体验及后期的运行情况。模块太多会造成计算机运行负担大，加载速度变慢，这会直接影响用户的使用体验。过于复杂的画面结构不易于用户阅读，会影响网站宣传的最终目的的实现。因此，网格设计越简单，越有效。图4-9所示的网页对产品的展示十分清晰、明确。

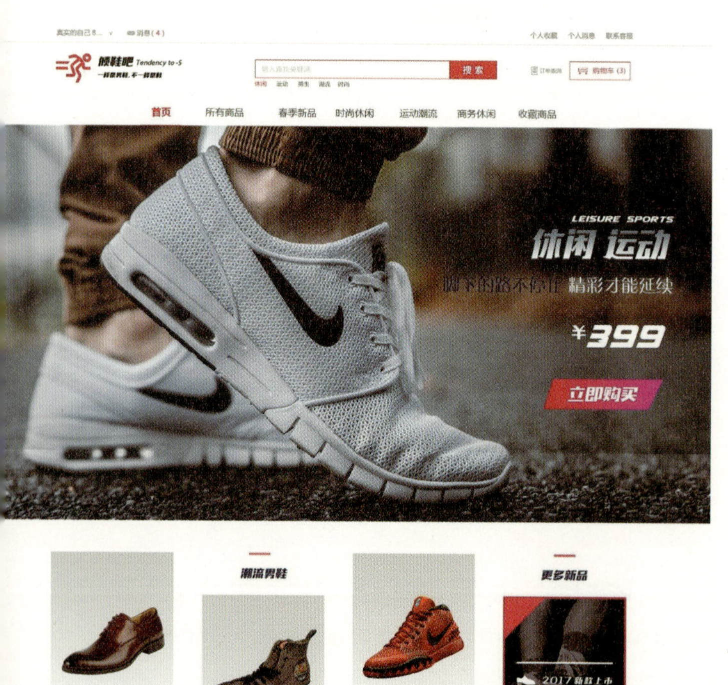

图4-9　网格形式简单、有效，信息明确

三、网格的设计步骤

（一）进行调研，明确需求

调研是设计工作必不可少的步骤。若调研不到位，则一切都是徒劳。评价一个设计是否真的好，并不是仅仅根据其美观度、创新度或功能性，而是依据其解决问题的程度。设计师需要理解问题的本质，明确所面对的各种约束条件，最终才能成功地解决问题。

那么怎么调研呢？首先要了解项目的需求背景、目标用户、使用场景，以及要达成的目标；然后结合竞品分析，找出产品的亮点，将其作为设计创意的出发点。在调研的过程中，设计师会发现很多设计的限制条件。

（二）制作线框图

线框图可以看作是产品的原型图。原型图包括项目的构成以及大致的布局等。线框图将直接影响网格的设计（见图4-10）。

一个成功的设计师绝不会只着眼于眼前，一定是想客户所想，甚至比客户想得更深入。所以设计师在设计时首先要从战略角度出发，考虑该项目的可行性，然后去考虑结构、布局是否合理，对觉得不合理的地方应及时提出质疑，与客户共同寻找更好的解决方案。

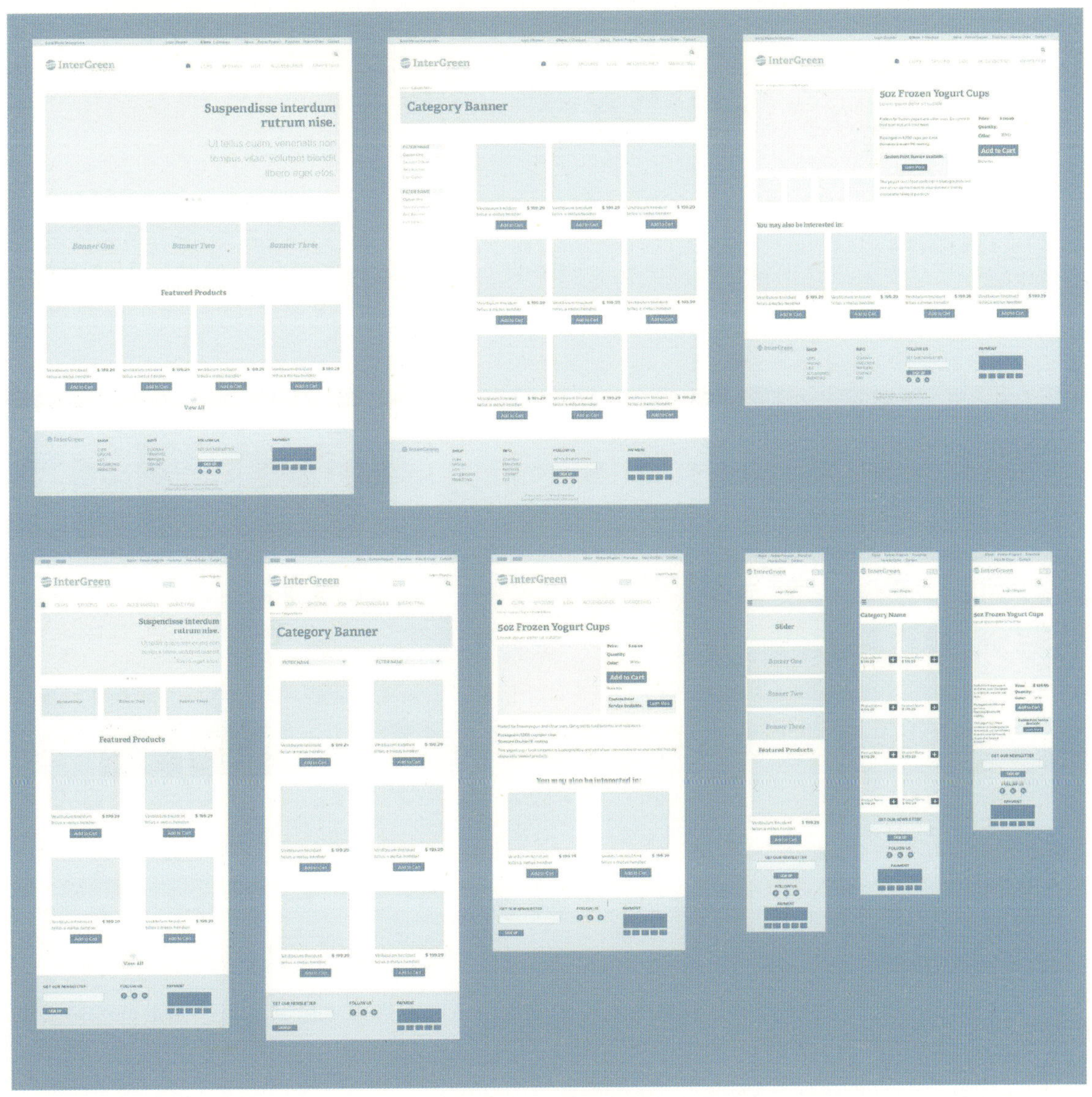

图4-10 制作线框图

（三）完成草图

草图是设计师根据自己对产品以及原型的理解，把自己的想法快速表达出来的方法。其目的不是要画出完整的设计方案，而是要举一反三、思考问题，并快速绘制出可能的网格的组合方式，从而设计出更丰富、更有创意的网格（见图4-11）。

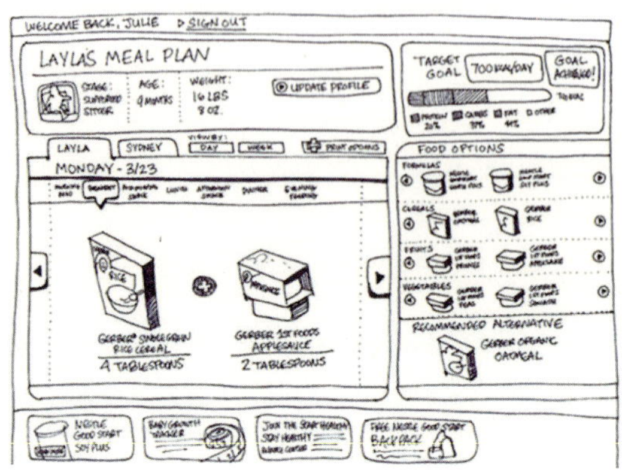

图4-11　草图构思

（四）正式设计

在正式设计过程中，设计师要综合考虑所有的限制条件，使网格适用于整套页面的设计，保证页面的统一性（见图4-12）。

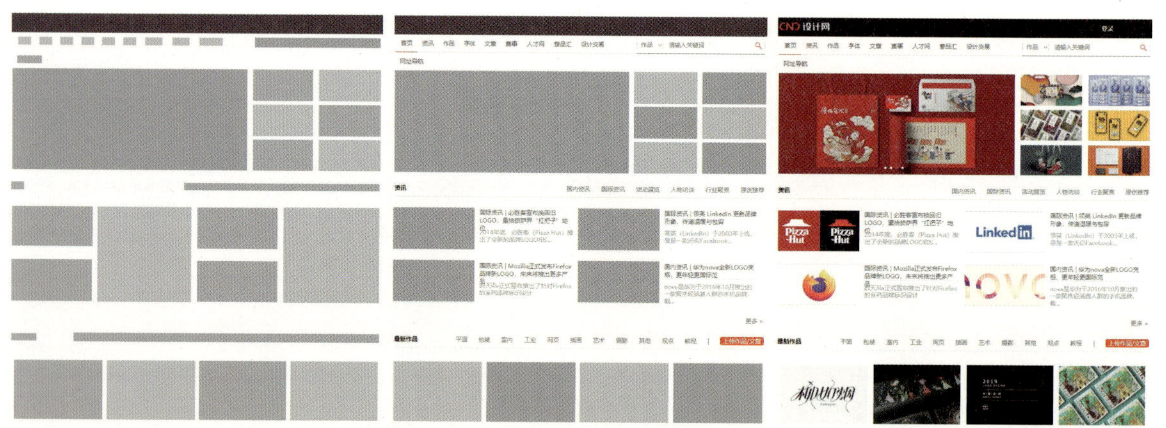

图4-12　软件实现过程

四、 限制条件

（一）技术限制

在定义网页宽度时，设计师首先要考虑用户使用的显示器分辨率。目前，显示器最低的分辨率是

1 024 px×768 px。虽然使用此分辨率的用户（主要集中在中老年群体）占比小，但并不意味着可以放弃他们，而是要根据客观条件考虑网页支持的最低分辨率。

例如，为一些特定的企业设计Web管理系统，应用的设备统一是宽1 440 px以上的，那么就要以这个宽度为设计的标准开始制作设计稿。

又如，要设计一个面向年轻群体的潮牌官网，可能就会为了更好地展示效果而放弃低分辨率的用户，按最低宽1 366 px开始支持。

如果是设计像淘宝这样的要满足所有用户的网站，那么就要从最低的宽1 024 px开始支持。

图4-13为某手表品牌Web端显示的网页效果，图4-14是在平板电脑和手机端显示的网页效果。

图4-13 Web端显示效果

图4-14 平板电脑和手机端显示效果

此种设计是当下比较流行的响应式布局方式，即一种布局在多种应用环境下都可以使用。这是设计师为了当下人们多种阅读媒介的选择所做的自适应效果。

（二）商业限制

不管是提高用户浏览网页的流畅度，还是延长用户在网页上停留的时间，抑或是提升广告点击率，再或是引导游客消费，对设计来说都是至关重要的。因此，设计师应该考虑品牌、定位和市场相关内容（见图4-15、图4-16）。

（三）内容和排版限制

不同的主题风格要考虑不同的排版形式，然后根据内容的多少设定准确的功能模块，构建合理的网格系统。图4-17是一家媒体公司的网站，采用了时尚、简洁的风格。

图4-15　网页中的产品信息明确、简单、时尚

图4-16　天猫大型电商网站，编排清晰、有序、主次分明

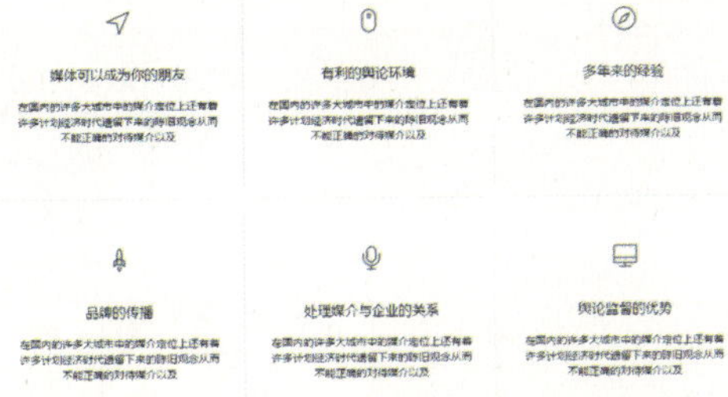

图4-17　时尚、简洁风格的网页

五、 网格的类型

合理的网格有利于网页信息的编排，能提高浏览者阅读的便捷性和接受度，同时还是体现网页个性与人性化的重要手段。根据网页的特点和视觉流程，网格基本类型可以分为骨骼型、满版型、分割型、对称型、曲线型、倾斜型、焦点型、三角型、其他型等9种类型。

（一）骨骼型

骨骼型网格是一种规范、理性的布局形式，类似于报刊的版式。骨骼型网格一般以分栏的形式，两栏、四栏居多，横竖交错出现，结构灵活、有序，信息层次整齐、清晰。因此，骨骼型网格的网页总是给人和谐、理性、舒适、有序的视觉感受（见图4-18至图4-20）。

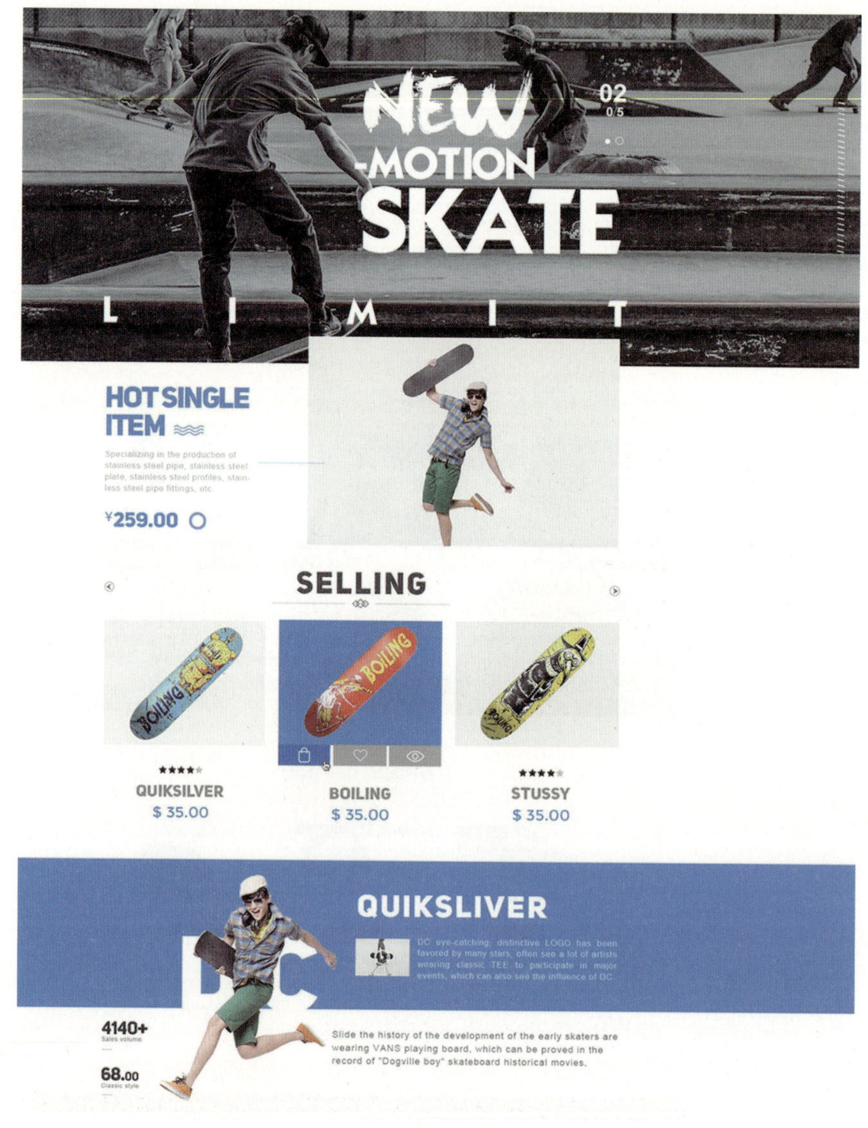

图4-18 纵横交错的网格形式①

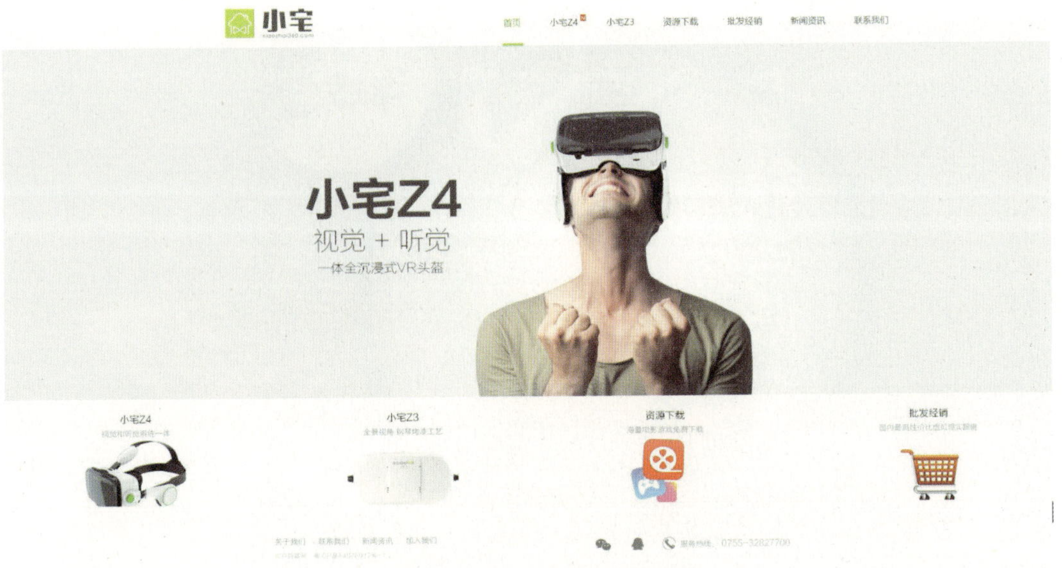

图4-19 纵横交错的网格形式②

图4-20 纵横交错的网格形式③

（二）满版型

满版型网格主要是以图像充满整个页面，具有强烈的表现性及个性特征，时尚潮流类公司使用较多。随着互联网的发展，网速不断提高，这种形式便更受青睐（见图4-21、图4-22）。

图4-21 满版型①

图4-22 满版型②

（三）分割型

分割型网格首先将画面分成几个部分，分别安放图片及文字，视觉效果清晰、明了，层次节奏丰富，图片感性且具有活力，文字理性且严谨，形成了鲜明的视觉对比。分割型网格通常是通过调节图像与文字部分的面积占比来控制画面最终效果的。不同于骨骼型的分栏，这种分割方式比分栏更加灵活，图像、文字可以随意摆放，因此视觉效果更丰富，时尚感更强（见图4-23至图4-27）。

图4-23 分割型——效果清晰、明了

图4-24 分割型——内容具体、明晰

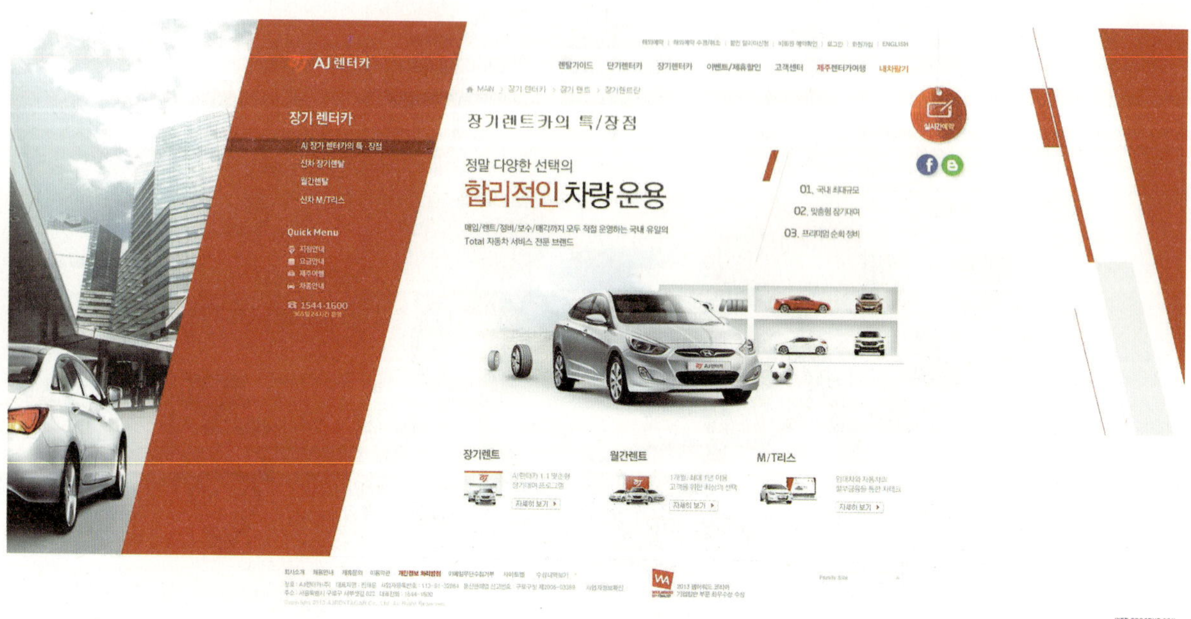

图4-25 分割型——灵活、时尚

图4-26 分割型——清晰、明了

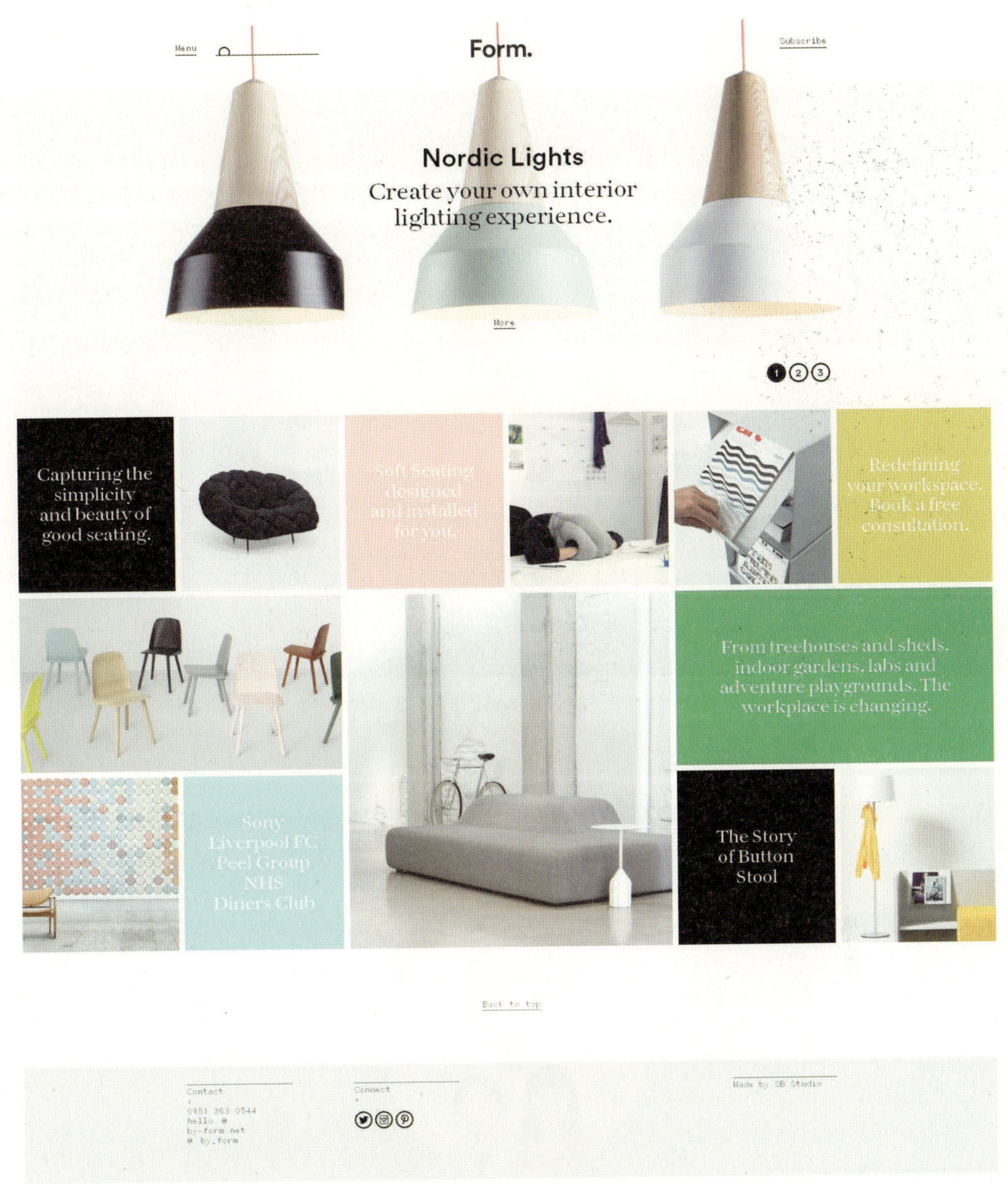

图4-27　分割型——简洁、时尚

（四）对称型

对称的事物一直以来都是严肃、稳重的。为了避免过于呆板，对称性网格在多数情况下采用相对对称的方式编排，即从画面的中轴展开，两侧的内容或版式相近，以凸显画面的秩序感（见图4-28至图4-31）。

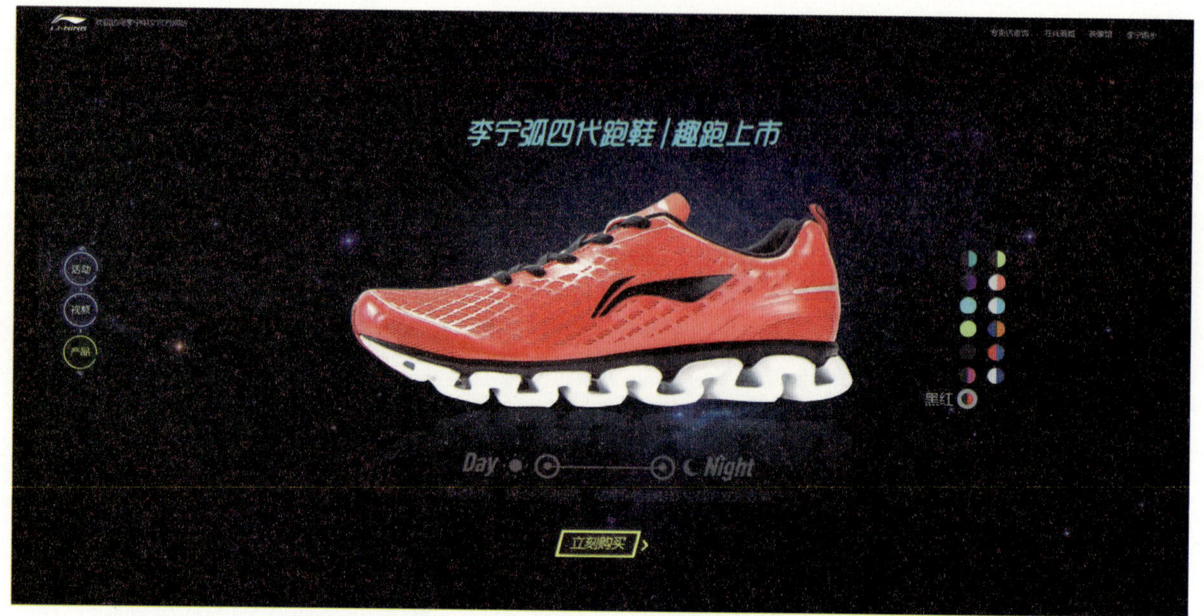

图4-28　相对对称——标准而不失灵活①

图4-29　相对对称——标准而不失灵活②

图4-30 相对对称——标准而不失灵活③

图4-31 对称型——严谨，彰显科技感

（五）曲线型

曲线的动感最强烈。将画面沿着先前设定好的曲线轨迹进行编排，能使页面的韵律感加强，在与直线部分的鲜明对比下，动感更强烈，从而给用户带来愉悦的心理感受（见图4-32至图4-34）。

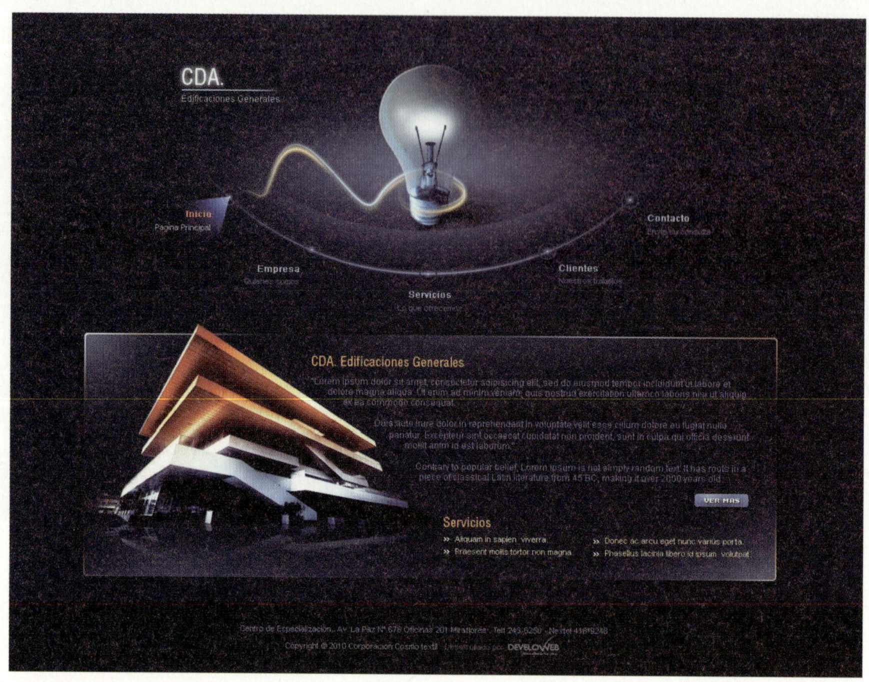

图4-32　曲线型——灵活、潮流①

图4-33　曲线型——灵活、潮流②

图4-34 曲线型——灵活、潮流③

（六）倾斜型

倾斜型网格不但可以增强动感，而且具有强大的视觉冲击力。它不像骨骼型、对称型那样严肃，也不像曲线型那样张扬。它追求在严谨中寻找突破，给人以舒适的视觉体验（见图4-35、图4-36）。

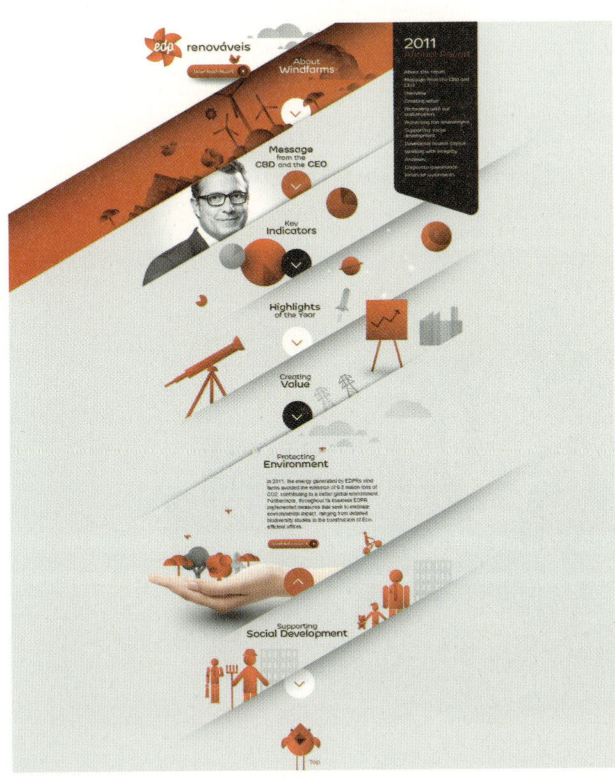

图4-35 倾斜型——动感、流行

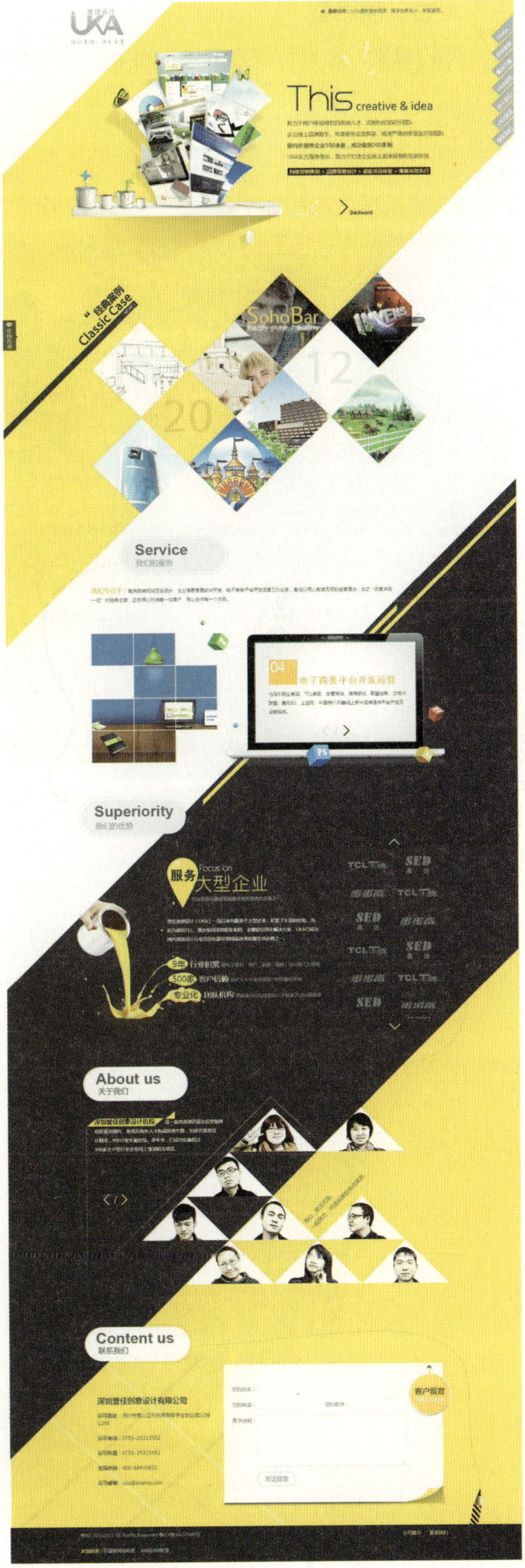

图4-36 倾斜型——张力较强

（七）焦点型

顾名思义，焦点型就是突显画面中的主角形象，使版面个性鲜明、主题突出（见图4-37至图4-39）。

图4-37　焦点型——主题明确

图4-38　焦点型——主题形象突显、感染力强

图4-39 焦点型——主题形象明确

（八）三角型

三角型构图是绘画中常用的构图手法。它的优势是稳定性较强，比对称型更显活跃，通过3条边的对比来强调画面中的主要内容（见图4-40）。

图4-40 三角型——空间感较强

（九）其他型

除上述版式类型之外，在网页设计中还存在一些较少见的版式布局类型，如散点型、十字型等（见图4-41至图4-43）。

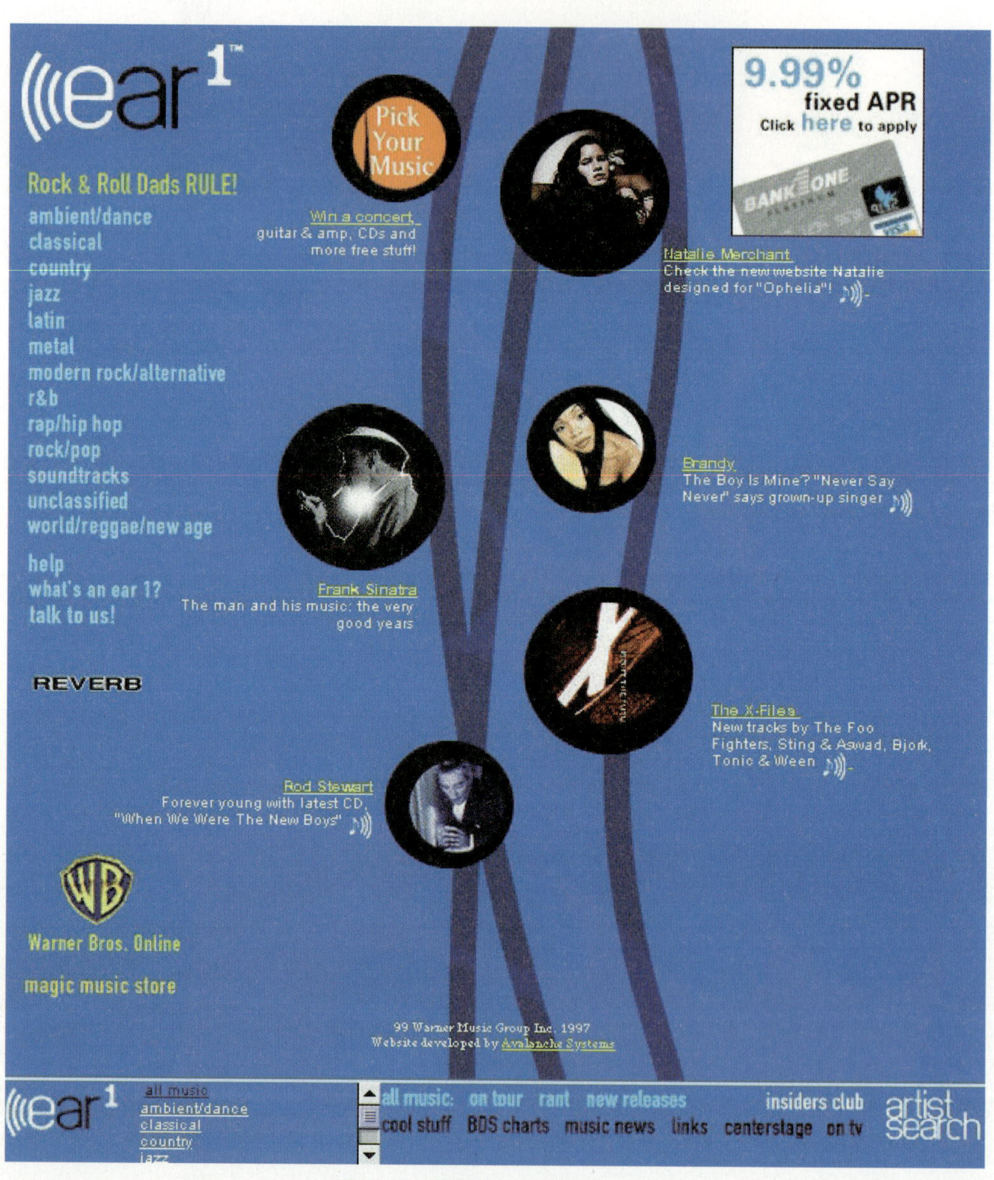

图4-41 散点型——随意、灵动

图4-17　时尚、简洁风格的网页

图4-30 相对对称——标准而不失灵活③

Es hora de ser **PRO**

Te presentamos el note mas grande del mercado con una increible pantalla de 12.2" y S-pen. Hemos incorporado un sistema de pantalla Multi Windows para correr tareas hasta en 4 pantallas individuales simultaneamente. Este nuevo dispositivo soporta aplicaciones como **Hancom Office, Remote PC, Air Command,** para aumentar tu productividad en todas partes.

COMPARTIR:

DESPLAZATE CON EL SCROLL PARA NAVEGAR

图4-31 对称型——严谨，彰显科技感

图4-42 十字型——聚焦而又灵活

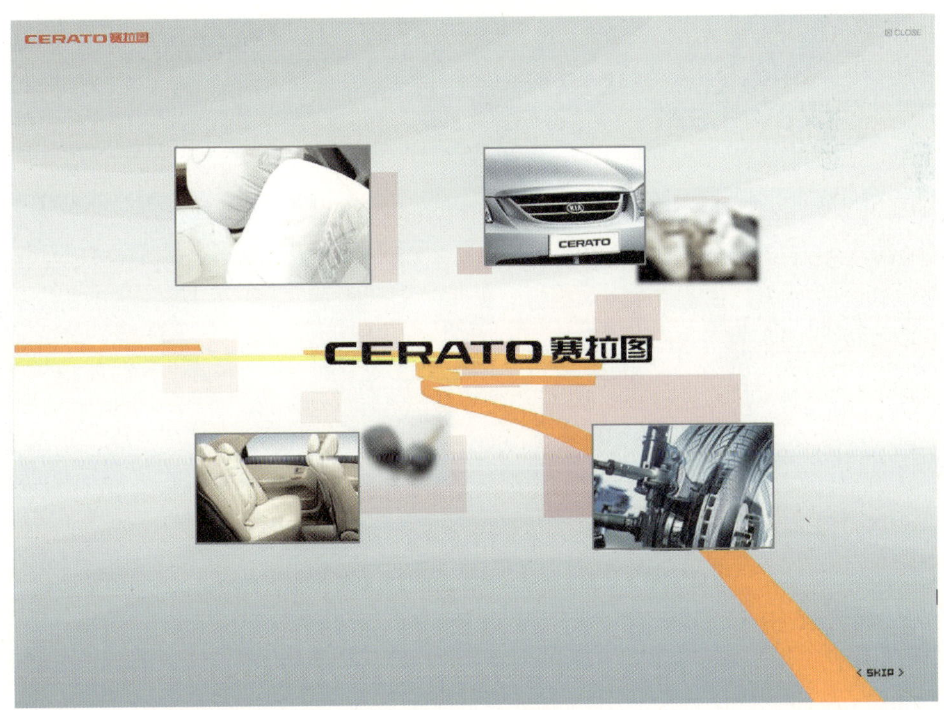

图4-43 散点型

第二节　色彩构成

色彩是视觉艺术领域内最重要的设计因素之一。在网页设计中，由于屏幕的显示特点，色彩的作用显得功不可没。

首先，网页整体色调的把握对于突出网页主题和营造页面风格有着至关重要的作用，这源于色彩所具有的丰富表现力和心理暗示效应。“远看颜色近看花。”大的色调是给用户体验的第一印象，是传统的还是现代的，是古朴的还是时尚的，是设计潮流方向的还是企业机构方向的，都可以从整体色调中一目了然。它也会激发用户的兴趣。具有亲和力的色彩能够使用户注意力停留的时间延长。张力较强的色彩会吸引更多青年人。色调是整体网站能否让读者获得良好视觉体验最关键的第一步。

其次，系统、科学的色彩搭配可以丰富画面的层次，提升整体设计品质。按照先前规划好的页面布局设定相关颜色，利用色彩对比关系，运用不同色彩所具备的不同心理效应强化页面的布局与信息层次关系，可以增加页面的可读性和导向性，同时赋予网页更好的品质（见图4-44）。

图4-44　橙色系的体现

一、网页的色彩模式

网页设计的色彩模式是RGB模式，有别于平面设计印刷所用的CMYK模式。

RGB色彩模式是利用色光合成的原理来设定的，R代表红色，G代表绿色，B代表蓝色，属于加法原理，即颜色混合后会变亮。CMYK色彩模式中，C代表青，M代表洋红，Y代表黄，K代表黑，属于减法原理，即颜色混合后会变暗且饱和度降低。

RGB的色域大于CMYK，即可使用的颜色更多。如果用RGB颜色做图，后期需要打印的话，很多颜色可能打印不出来，即溢色现象。所以打印前要先转为CMYK模式。网页设计一般使用RGB模式。

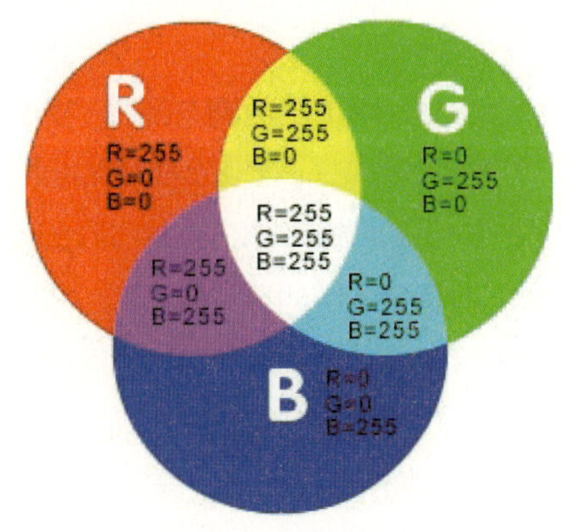

图4-45 屏幕三原色

如图4-45所示，RGB各色又分为0~255个色阶，0代表不发光，255代表发出最亮的光，它们之间的每级色阶均匀分布。这样，任何一种色彩都有唯一的数值，由3个色彩通道的色阶值按R、G、B的顺序并列组成，中间用逗号分隔。例如，纯黑色的数值为“0,0,0”；纯白色的数值为“255,255,255”。通过计算，256级的RGB色彩总共能组合出约1 678万种色彩，即256×256×256=16 777 216，通常简称为1 600万色或千万色，或称为24位色（2^{24}）。这是目前主流显示器能显示的最大色彩数目。在网页设计中，通常还使用十六进制数字来表示色彩的RGB值，即R、G、B各级色阶使用OO~FF的十六进制数字表示，分别对应十进制的0~255，3个数值间没有间隔，前面通常以“#”号开始。例如，洋红（Magenta）的RGB十六进制数值为“#FFOOFF”，十进制数值为“255,0,255”。网页设计中的色彩除了使用十进制数字和十六进制数字进行引用外，还可以使用英文名称进行引用。万维网联盟（W3C）标准的英文色彩名称可以在HTML和CSS代码中使用，中文名称则仅供参考，不能作为代码使用。图4-46为Web216种安全色色标。

#000000	#000033	#000066	#000099	#0000cc	#0000ff	#990000	#990033	#990066	#990099	#9900cc	#9900ff
#003300	#003333	#003366	#003399	#0033cc	#0033ff	#993300	#993333	#993366	#993399	#9933cc	#9933ff
#006600	#006633	#006666	#006699	#0066cc	#0066ff	#996600	#996633	#996666	#996699	#9966cc	#9966ff
#009900	#009933	#009966	#009999	#0099cc	#0099ff	#999900	#999933	#999966	#999999	#9999cc	#9999ff
#00cc00	#00cc33	#00cc66	#00cc99	#00cccc	#00ccff	#99cc00	#99cc33	#99cc66	#99cc99	#99cccc	#99ccff
#00ff00	#00ff33	#00ff66	#00ff99	#00ffcc	#00ffff	#99ff00	#99ff33	#99ff66	#99ff99	#99ffcc	#99ffff
#330000	#330033	#330066	#330099	#3300cc	#3300ff	#cc0000	#cc0033	#cc0066	#cc0099	#cc00cc	#cc00ff
#333300	#333333	#333366	#333399	#3333cc	#3333ff	#cc3300	#cc3333	#cc3366	#cc3399	#cc33cc	#cc33ff
#336600	#336633	#336666	#336699	#3366cc	#3366ff	#cc6600	#cc6633	#cc6666	#cc6699	#cc66cc	#cc66ff
#339900	#339933	#339966	#339999	#3399cc	#3399ff	#cc9900	#cc9933	#cc9966	#cc9999	#cc99cc	#cc99ff
#33cc00	#33cc33	#33cc66	#33cc99	#33cccc	#33ccff	#cccc00	#cccc33	#cccc66	#cccc99	#cccccc	#ccccff
#33ff00	#33ff33	#33ff66	#33ff99	#33ffcc	#33ffff	#ccff00	#ccff33	#ccff66	#ccff99	#ccffcc	#ccffff
#660000	#660033	#660066	#660099	#6600cc	#6600ff	#ff0000	#ff0033	#ff0066	#ff0099	#ff00cc	#ff00ff
#663300	#663333	#663366	#663399	#6633cc	#6633ff	#ff3300	#ff3333	#ff3366	#ff3399	#ff33cc	#ff33ff
#666600	#666633	#666666	#666699	#6666cc	#6666ff	#ff6600	#ff6633	#ff6666	#ff6699	#ff66cc	#ff66ff
#669900	#669933	#669966	#669999	#6699cc	#6699ff	#ff9900	#ff9933	#ff9966	#ff9999	#ff99cc	#ff99ff
#66cc00	#66cc33	#66cc66	#66cc99	#66cccc	#66ccff	#ffcc00	#ffcc33	#ffcc66	#ffcc99	#ffcccc	#ffccff
#66ff00	#66ff33	#66ff66	#66ff99	#66ffcc	#66ffff	#ffff00	#ffff33	#ffff66	#ffff99	#ffffcc	#ffffff

图4-46 Web216种安全色色标

二、网页的色彩设计

（一）网页的色调与风格

网页的色调是凸显画面整体风格的主要因素，主要有两种控制方法。

（1）颜色的调和设计。色彩对比中有同类色、近似色、对比色、互补色，其中，同类色与近似色是色彩对比较弱的搭配，对比色与互补色的色彩对比就较强烈。为了控制好整体的基调，应对其进行合理配比，使它们趋于和谐。在同类色、近似色的使用中适当地加入对比强烈的色彩，既可以活跃画面，同时又不失统一。通常这类网站给人的感觉较素雅、简约、平静，适合一些文艺、高雅风格的网站或是一些二级页面。两种强烈的色彩一起使用，若想协调，就需要控制双方的明度、纯度，或是利用中间色将双方减弱，使之形成统一感。

图4-47为同类色的对比使用，使画面奠定了橙色调的基础，风格时尚、稳重。图4-48是网页通过降低明度、纯度来使颜色协调、统一，产生一种淡雅的风格效果。

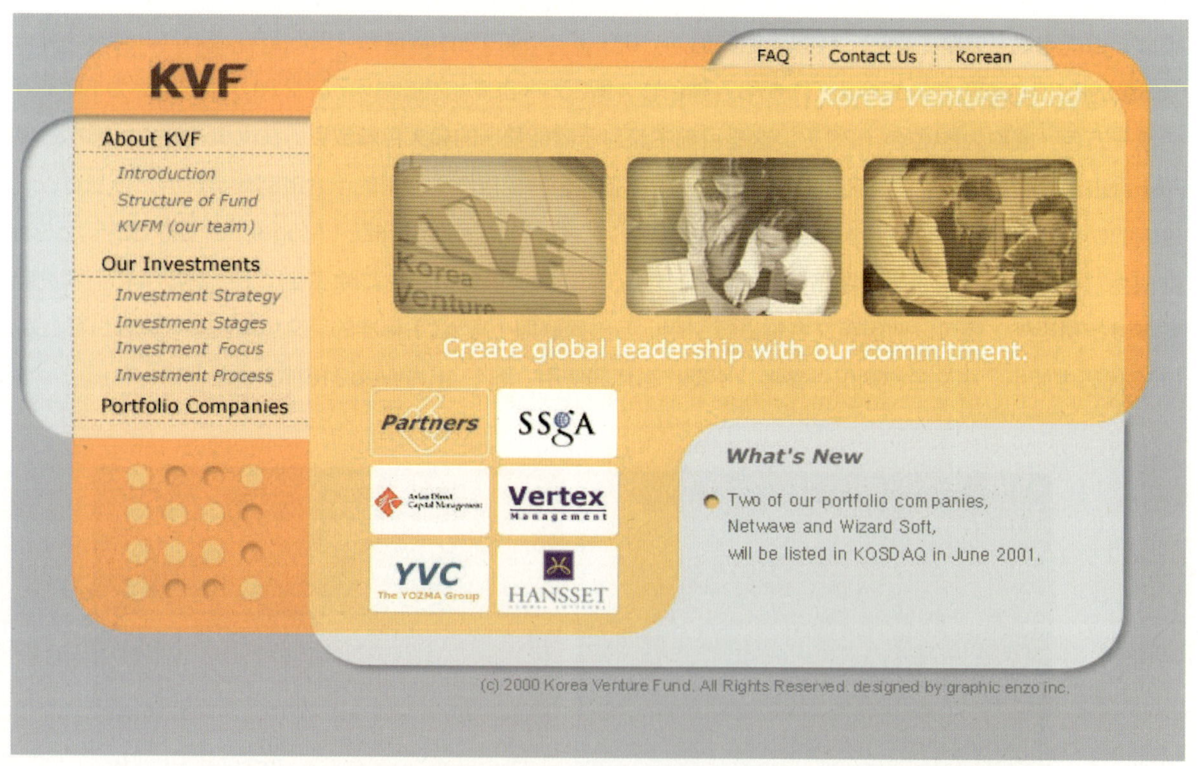

图4-47 国外网站橙色调网页

Catalog Request | Store Locator | Corporate Gifting | Customer Service
Shopping Cart: 0 Items My Account Order Tracking
Brookstone
SEARCH Type keyword(s) or item # GO
SIGN UP >> Enter email address here GO
WIN AN iJOY™ MASSAGE CHAIR!
BEST OF >> Massage Electronics Barbecue
GIFT IDEAS >> By Price By Occasion By Top Gifts
health & fitness home & office outdoor living travel & auto tempur-pedic hardtofindTOOLS
Brookstone
COMPACT CARDIO
Get yourself in better shape with our easy-to-store, fold-away exercise machine.
NEW Fold-Away Cardio Stepper $199.00
healthier life
hardtofind TOOLS
EASY TO CLEAN
Humidifier improves household air and cleans quickly in the dishwasher.
Easy-Clean Warm Mist Humidifiers from $79.95
healthier home
home & office
NEW AcoustiClear™ Desktop System $195.00
health & fitness
NEW TheraSpa™ Hot/Cold Massager $69.00
office furniture
Folding Shelving from $64.95
bath furniture
NEW Ribbed Glass Bath Etagere $199.95
outdoor living
Grill Alert™ Talking Remote Thermometer $75.00
travel & auto
NEW Bose® Quiet Comfort 2 Noise Reduction Headphones $299.00
audio/video storage
Multimedia Storage Cabinet $199.95
entryway
Boot Bench with Shelf $199.95
new@brookstone
NEW Fom Stress-Relieving Cushions $39.00
tempur-pedic®
Tempur-Pedic® Mattress Pads from $299.00
SEGWAY
sale & clearance
Shop our outlet store for great deals on innovative products.
store locator
With over 275 stores nationwide, there's a Brookstone near you.
HEATERS BATH ACCESSORIES CLEANING SOLUTIONS WINTER CARE GIFT CERTIFICATES
AIR PURIFIERS SHOWERHEADS LIGHTBULBS FIREPLACE ACCESSORIES BIRTHDAY GIFTS
Home | Company Info | Outlet Store | Returns Policy | Affiliate Program
Customer Service 1-800-846-3000 | Sales 1-866-576-7337
Use of the site constitutes acceptance of our Terms of Use
Copyright © 2004, Brookstone Company, Inc. All Rights Reserved | Privacy Policy

图4-48 灰色调的建立

（2）控制画面的面积。利用好功能模块的结构关系，在配色时考虑各自在整体页面中的比重，占比大的一方会奠定整体色调，另一方则起到调和、点缀的作用。图4-49是麦当劳网站页面，利用大面积的红色模块奠定了画面的红色基调，小部分链接模块采用同等纯度的色彩对比，却不影响整体色调，营造了一种热情、火辣的风格。

色调是页面主题情调创造、意境渲染、情感传达的重要方式。例如，红色调具有热情、张扬、澎湃的个性特征，有时也会给人们带来恐怖、压抑、血腥的心理感受。所以优秀网页设计的色彩渲染尤为重要。图4-50所示的可口可乐的红色系色调一直以来都给人们一种热情洋溢的心理感受。

图4-49 麦当劳红色调系列

图4-50 可口可乐红色系页面

（二）网页的色彩对比与协调

对比与协调是网页色彩搭配最常见的要素之一。对比是为了增加画面的变化、强调灵活性；协调是为了使画面统一。画面中，对比和协调是同时存在的，缺一不可。我们可以通过调整色相、纯度、明度、面积、冷暖、形状、肌理等方式使色彩形成对比，可以通过相互调和、增加中间色（或过渡色）、分割、区分主次等方式使色彩趋于和谐。在具体的设计中，要学会灵活运用上述方式与手段，取得和谐而舒适的视觉美感（见图4-51至图4-57）。

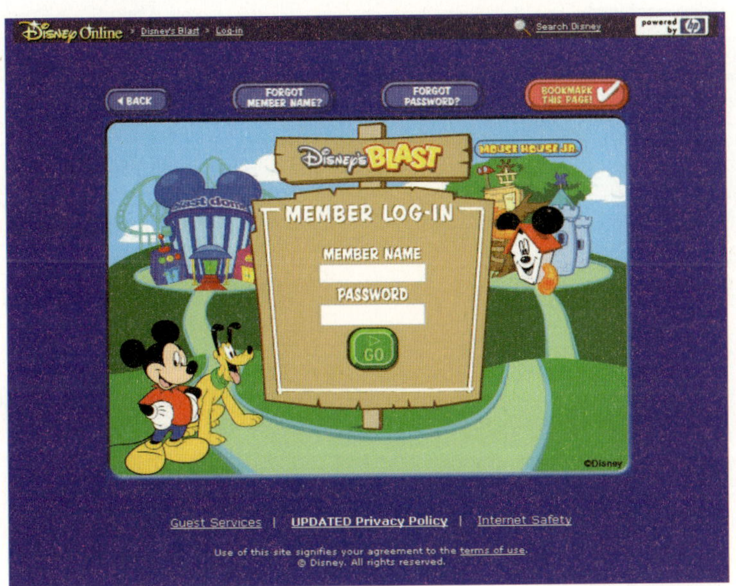

图4-51 利用色彩的色相对比

图4-52 低饱和度的使用

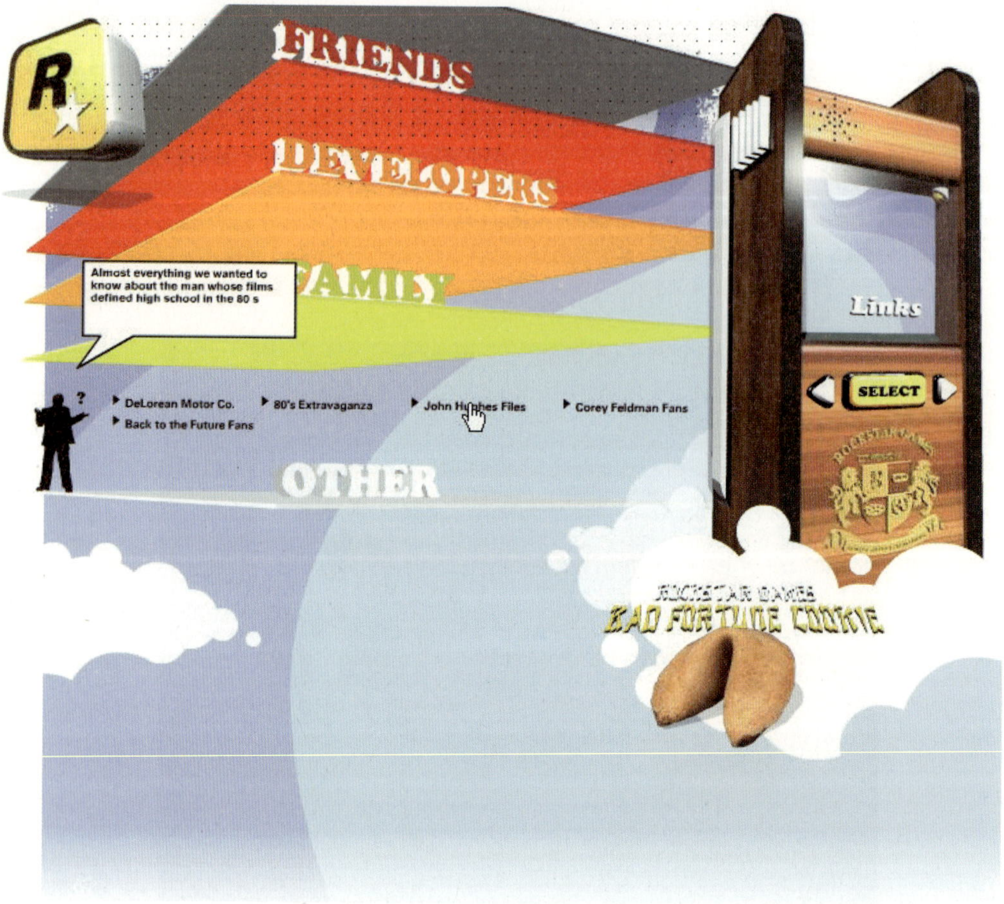

图4-53　利用色彩的纯度对比

图4-54　利用补色的对比

图4-55 利用蓝色与灰色背景面积上的对比

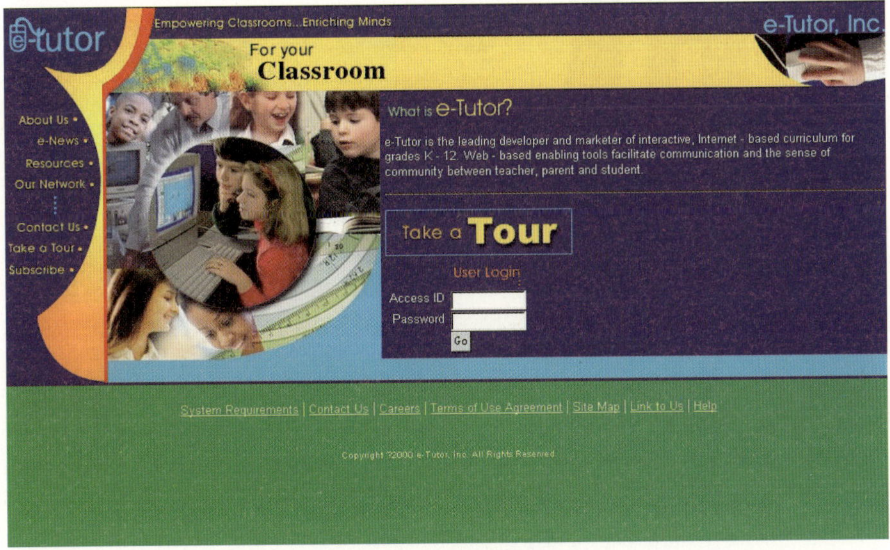

图4-56 高纯度色相对比

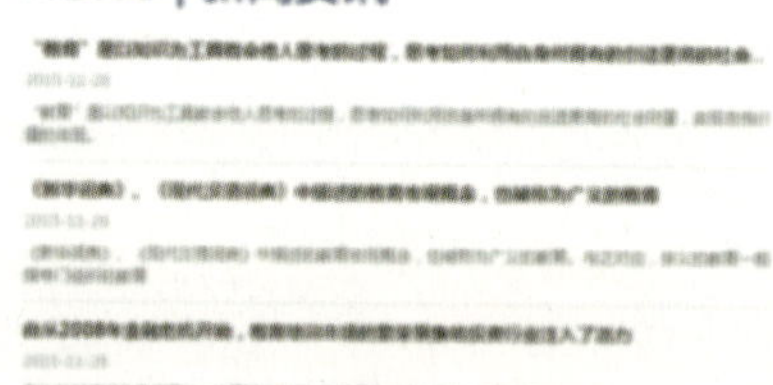

图4-57 整体网页的补色对比

（三）网页的色彩变化与统一

网页设计中不能只考虑单一画面中的色彩，更要考虑各级页面之间的跳转联系，在符合各自页面性格特征的情况下，思考如何在链接跳转中形成网站各页面之间统一而又富有变化的色彩关系，以及页面之间自然、和谐的过渡效果，从而给浏览者建立起一个丰富、完整的网页整体色彩印象。图4-58、图4-59所示的页面之间的过渡采用了色彩渐变的手法，营造出个性独特的网页色彩表现。

图4-58　考虑到与下级页面的色彩搭配

图4-59　考虑到与上级页面的色彩对比

第三节　网页设计元素

由于网页设计的特性，它受到很多局限，如网页尺寸的要求、色彩使用范围的要求、网速的要求等。这就要求设计师在设计网页时必须遵循一定的规范，不能随意地使用元素。例如，正文字号的限定、字体的标准、装饰的统一性等，所有元素都应符合各自功能模块的特点。但无论是出于功能设置还是页面美化的需要，都必须服从网页整体的设计风格和审美效果，才能达到预期的设计期望。

一、圆角

圆角是网页设计中最普遍的一种装饰效果。圆角的使用既柔和、婉约，又不失秩序和严谨，可以匹配各种网页风格进行使用。圆角的大小变化是控制情绪的一种方式，越小就越紧张、严肃，越大就越放松、随意。同时，也可以控制圆角的多少，使各角之间产生鲜明的对比，增强视觉张力。圆角对文档边界的划定有更佳的效果。通过圆角，读者可以很容易地察觉到文档的边界，层次更分明、具体。图4-60至图4-62所示的网站采用了骨骼型的网格形式，图中各模块边缘的圆角处理使原本严肃的画面多了一点气氛上的缓和。

图4-60　圆角的统一修饰

图4-61 圆角的处理彰显细节的构思

图4-62 圆角的处理严谨而不严肃

二、立体

所谓立体，实际上是在二维基础上所营造的一种三维的视觉假象。立体的运用无疑给设计师提供了更多的创意空间，使原本在同一维度下的设计构想拓展到多维的思考空间，大大增加了画面的冲击力及视觉趣味。它能使作品在同类竞品中脱颖而出，给用户留下深刻的印象。图4-63所示的某家居网站的网页设计，加入了立体的阴影效果，使原本比较平淡的画面增添了微妙的变化，同时也能与网站的家居主题相呼应。

图4-63 某家居网站的网页设计

三、图标元素

图标原本是视觉识别系统设计中的重要部分，但近年来似乎成了网页设计、UI设计，甚至是平面设计的宠儿。因其自身具备功能识别的作用，图标元素在使用上要比文字灵活、耐看，甚至在很多情况下设计师会把文字和图标结合使用，形成一定的主次效果。同时图标也可单独作为链接控件，其功能与形式的结合能使其优势更明显。图标可以巧妙地点缀页面，增加页面的可读性和趣味性，起到锦上添花的作用。图4-64为线性化图标设计，是现在很多网页设计及UI设计必不可少的元素之一。

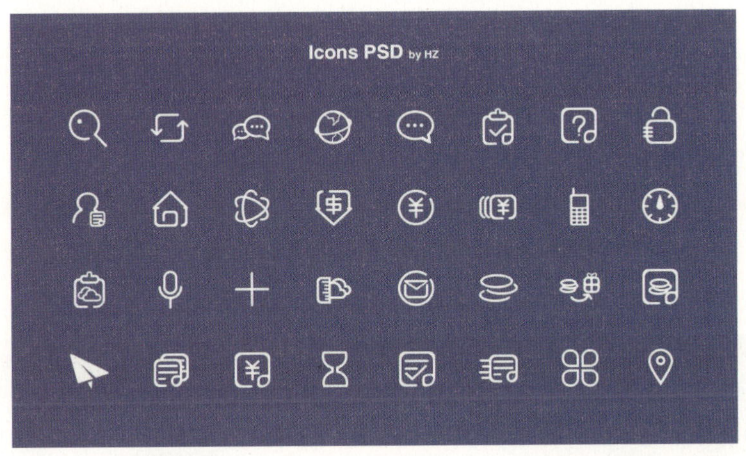

图4-64　图标设计

在网页设计中，图标的设计一定要与网站的整体风格相匹配；同时，也应在色彩使用上与网页的色调保持变化与统一的关系，既要突出、醒目，又要与页面和谐、统一。图4-65所示的网页中，图标与整体画面的立体形式统一，且质感强烈，符合汽车网站的特点。

图4-65　个性化的图标装点

四、渐变与光效果

渐变与光的使用在通常情况下是为了增加画面的华丽感、梦幻感，但如果控制不好或是为了变化而变化，就会适得其反，使画面庸俗不堪，甚至虚假。使用渐变与光时不能太过牵强，要适应内容需要，并且要适度调和，控制好整体基调。光的使用一定要配合好渐变的方向，尽可能地追寻自然的效果。图4-66所示的珠宝首饰网站中，光与渐变的营造使页面的华丽感十足，特别引人注意的是左上角一处光的点缀，它使画面变得熠熠生辉。

渐变是一些具有体积感与光泽感的图标和按钮设计所必需的手段。另外，网页中的光线与光照效果也是通过渐变来实现的。简而言之，渐变是可以适用于多种网页风格和情境的设计手段。在整体的网页设计中，渐变的运用必须经过反复的计划和尝试，才可以实现完美的网页效果。图4-67、图4-68所示为通过渐变与光效果对质感和体积感的体现案例。

图4-66　通过渐变色营造画面氛围

图4-67　通过渐变色塑造质感

图4-68 渐变色的微妙变化

五、装饰元素

在东西方文化中，古老的装饰纹样经过现代设计理念的优化与创新，早已摆脱了传统的审美观，焕发出了潮流与时尚的魅力。现代主义审美思潮与风格的各种新的装饰元素层出不穷，是网页设计不可或缺的宝贵的设计资源。但装饰不能一味地进行，应与主题风格相统一。无论是具象的元素点缀，还是抽象的点、线、面，或是装饰意味很强的纹样，形式与色调一定要匹配网页设计的整体风格和页面中的其他设计元素，使用的原则应是合理而为、适可而止，切勿打破页面整体的视觉平衡与和谐（见图4-69至图4-71）。

图4-69　简约、时尚的装饰风格

图4-70　清新、休闲的风格

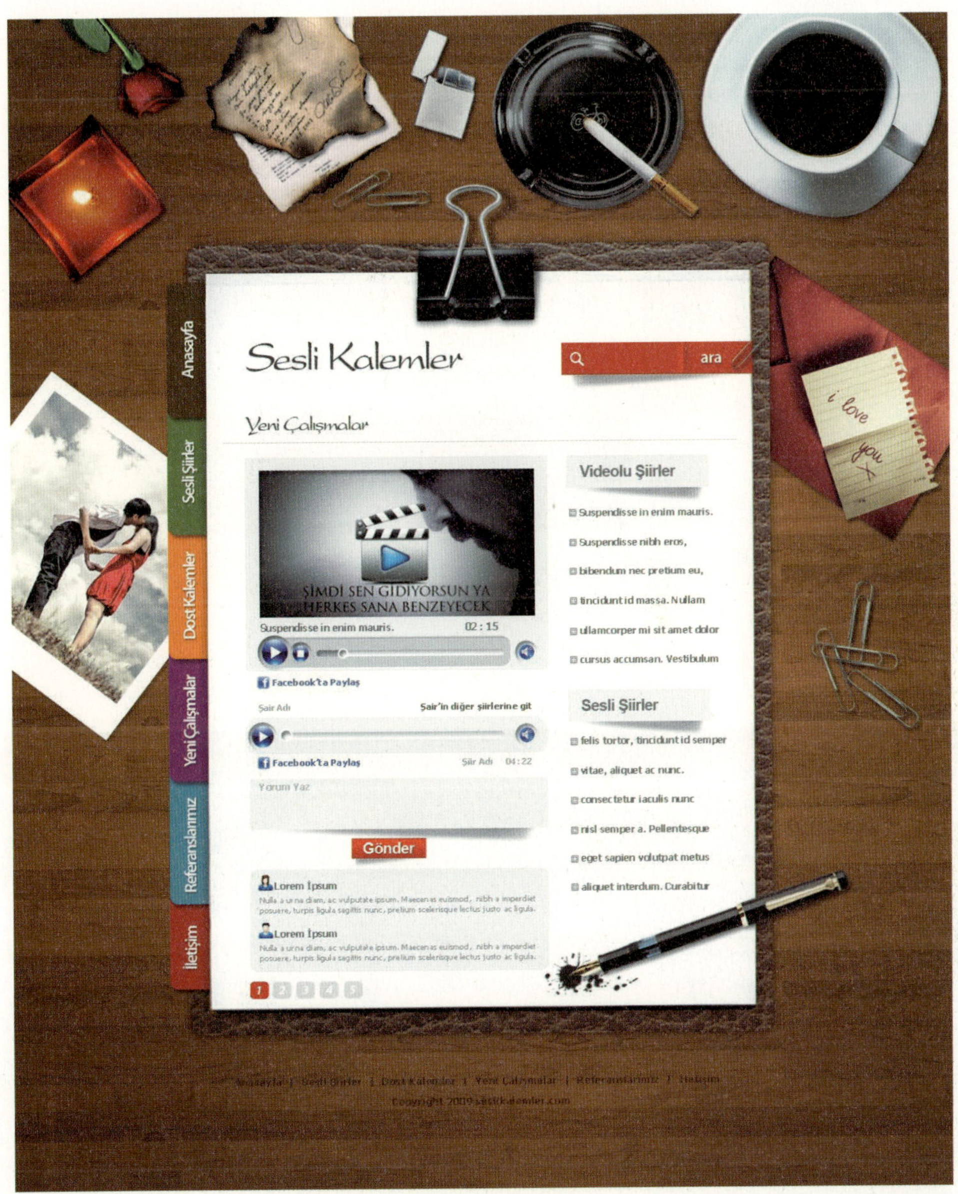

图4-71 商务风格

六、底纹与材质

网页设计中，底纹与材质使用的目的是增强页面在视觉上的质量感和层次感，营造更丰富的网页视觉效果。底纹通常运用在网页背景当中，起到整体风格的定位作用。使用时要考虑其形态、色调与其固有的风格形式，通过设计、创意后达到设计目标，获得最佳视觉效果。不同的元素材质必然具备各自的特点，其本身的材质肌理所带来的变化会使画面更丰富。但如果每一种材质都刻意地去强调，则会使画面混乱不堪。因此，要分清主次，使材质的形状、色彩等方面趋于协调，以达到整体统一（见图4-72、图4-73）。

图4-72 底纹氛围的营造

图4-73 底纹整体风格质感的营造

七、扁平化效果

扁平化设计其实就是将非常复杂的目的或动机进行简单化处理，丢弃阴影、渐变、纹理等能做出3D效果的元素，使整个设计效果干净、利落，没有任何羽化或渐变。特别是针对手机平台来说，具有越少按键的界面就越简洁、整齐，使用起来就更加便捷。由于网站所覆盖的平台范围越来越广，设计师在设计网页时很少会再去创建多个屏幕尺寸以及分辨率，而是采用扁平化设计的方式。扁平化设计能在所有的设备上都适应访客的视觉需求，既简约，又具有很高的适应性（见图4-74、图4-75）。

图4-74 扁平化的潮流感①

图4-75　扁平化的潮流感②

第四节　网页的优化导出

网页设计完成后，需要对其保存、导出，为后期代码编辑做准备，但是在导出前，先要对网页进行优化。网页设计不同于平面印刷设计，它后期需要在手机、平板电脑、电脑等网络或数字信息媒介上应用，受到后期网速、网络载体的分辨率等限制。因此对网页做合理优化有助于后期用户的使用效率及特效的编辑等。其具体实现步骤分为切片、优化、导出三步（见图4-76）。

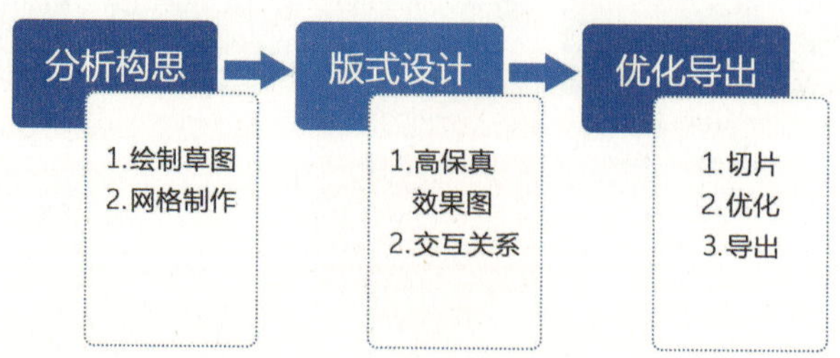

图4-76　优化导出过程

一、切片

所谓切片，就是把网页所有需要用到的图片素材单独保存下来。这里主要是指后期代码实现不了的地方，如logo、横幅广告、动画特效、特殊效果等。后期代码无法实现或特别复杂的，都可以采用切片的方式，将其存储为图片。切片的常用工具一般为Photoshop或者Fireworks。图4-77至图4-80是用Photoshop进行切片的过程，可以先使用Photoshop中的切片工具把要存储的各部分图片进行分割，然后执行【文件】→【存储为Web所用格式】命令，选择要存储的文件格式（JPG/PNG/GIF），单击【存储】按钮，选择【所有切片】选项。

图4-77 Photoshop进行切片的过程①

图4-78 Photoshop进行切片的过程②

预设：PNG-24

PNG-24

图4-79　Photoshop进行切片的过程③

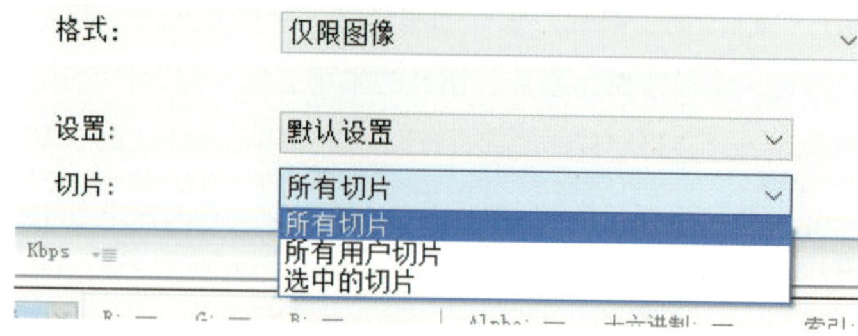

图4-80　Photoshop进行切片的过程④

除了使用切片工具以外，还可以利用图层进行存储。首先找到要保存图片所在的图层，按住【Alt】键单击图层前的显示图标，隐藏除该图层以外的其他图层（见图4-81）。然后用裁切工具按照图像大小进行裁切、存储（见图4-82）。

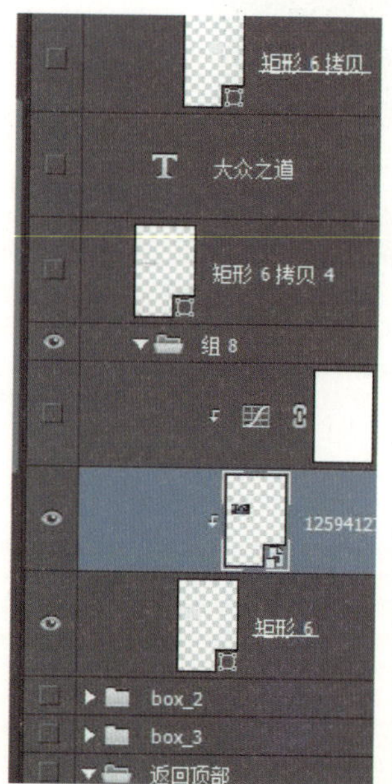

图4-81　存图方式

文件名(N): 大众汽车官网效果图.psd

保存类型(T): Photoshop (*.PSD;*.PDD)

Photoshop (*.PSD;*.PDD)
大型文档格式 (*.PSB)
BMP (*.BMP;*.RLE;*.DIB)
CompuServe GIF (*.GIF)
Dicom (*.DCM;*.DC3;*.DIC)
Photoshop EPS (*.EPS)
Photoshop DCS 1.0 (*.EPS)
Photoshop DCS 2.0 (*.EPS)
IFF 格式 (*.IFF;*.TDI)
JPEG (*.JPG;*.JPEG;*.JPE)
JPEG 2000 (*.JPF;*.JPX;*.JP2;*.J2C;*.J2K;*.JPC)
JPEG 立体 (*.JPS)
PCX (*.PCX)
Photoshop PDF (*.PDF;*.PDP)
Photoshop Raw (*.RAW)
Pixar (*.PXR)
PNG (*.PNG;*.PNS)

图4-82　存图格式选择

在较新版本的Photoshop中，用户可以在想要保存的图层上右击，执行【存储为png】命令，直接将想要的图片快速存储，大大地提高了设计效率。

二、优化

优化的目的就是通过保存合适的图片格式（JPG/PNG/GIF），针对不同格式各自的特点进行优化设置，以达到图像清晰、文件小的目的。具体方法为：执行Photoshop中的【存储为Web所用格式】命令，将图像或切片存储为相应格式。

GIF格式的特点是最大颜色数量只有256色，支持背景透明，支持动画，适合矢量图、线框图、logo、图标、按钮等一切颜色较少的图形。其优化方法为：设置图像最大颜色数量（2～256），颜色越多，文件越大；颜色越少，文件越小。

JPG格式的特点是支持24位真彩色（224种颜色），不支持背景透明，不支持动画，适用于照片、渐变色等一切颜色较多的情况。其优化方法为：设置品质值（0～100），品质越高，图像越清晰，文件越大；品质越低，图像越模糊，文件越小。

PNG格式的特点是支持24位真彩色，支持背景透明，支持动画，适用场合为图标、产品图、手机移动端等。PNG-8的优化方式与GIF一样，PNG-24格式不需要优化。

三、导出

所有图像切片优化完成后就可以导出了。建议把导出的图像统一保存在Web站点“img”或“images”文件夹中，且文件名称使用英文命名，以便后期编辑代码（见图4-83、图4-84）。

图4-83 图片文件夹

图4-84 所有图片内容

第五章　Web前端设计

第一节　创建Web站点

在互联网高速发展的情况下，如今的网络技术升级迅速，传统的平面设计师所做的静态网页设计已经远远达不到当下用户的体验需求了。随着移动APP的风起云涌，各种阅读方式的选择、人机交流、智能化的操作影响着人们的生活。这对从事互联网设计、传统平面设计、视觉设计的人来说都是前所未有的考验，需要设计师进行跨界学习，既要在设计的基础上懂得如何用代码实现各功能的模块，又要掌握各种脚本的编写，分析用户的实际体验应用环境、操作习惯、喜好等，模拟交互方式，完成整体系统设计的全过程（见图5-1）。

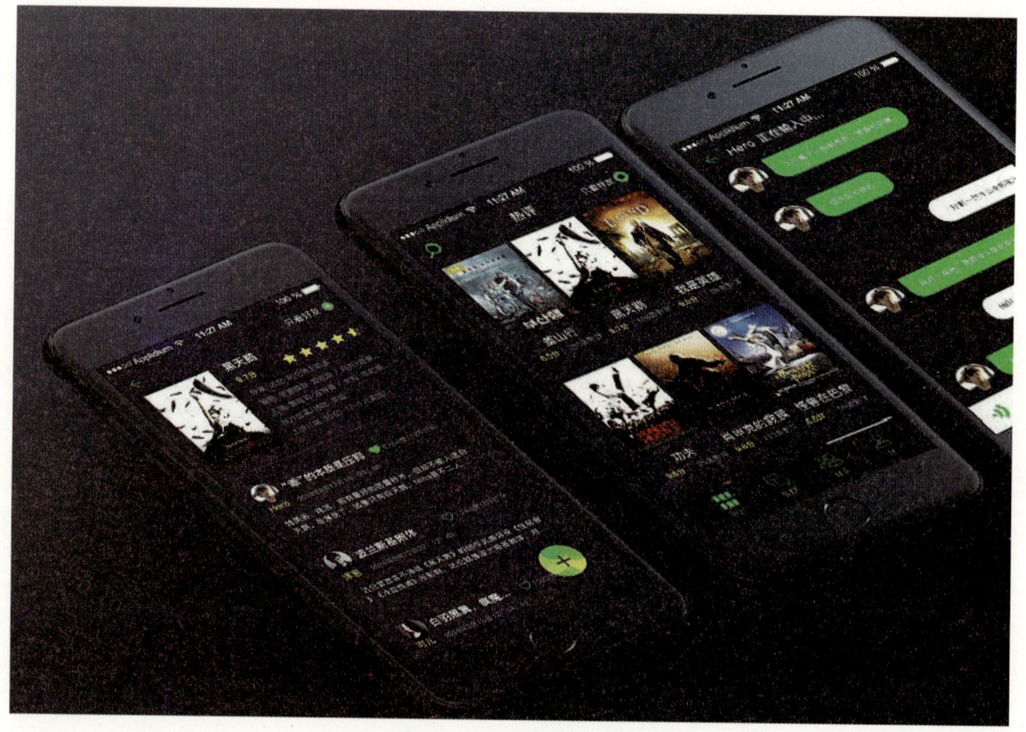

图5-1　Web前端设计

一、 Web站点的定义

网站就是指在因特网上，根据一定的规则，使用HTML等工具制作的用于展示特定内容的相关网页的集合。简单来说，Web站点就是磁盘的一个文件夹，在这个文件夹中保存了网站中的所有文档，包括各级结构页面、装饰脚本、动效脚本等。

二、 建立Web站点的方法

建立Web站点时应注意以下事项：

（1）文件夹不能建立在桌面或者C盘上。

（2）文件夹和文件的命名必须使用小写英文（见图5-2）。

图5-2 Web站点文件夹

（3）网站首页必须命名为“index”，且必须出现在站点根目录下。它是输入域名后打开的第一个界面（见图5-3）。

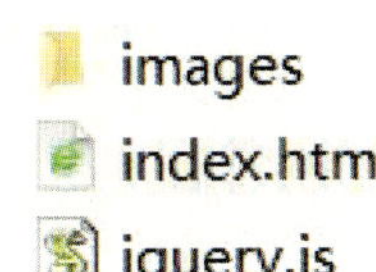

图5-3 站点下的首页内容

（4）根据网站导航建立二级、三级，甚至四级栏目，每一个栏目就是一个文件夹，每一个栏目页都有自己的首页。

（5）根据文件的类型建立相应的文件夹，如“images”“img”“script”“media”“down”等。

三、 创建站点地图

站点地图是一个网站内容链接的集合，为搜索引擎程序提供了快速索引的途径。根据网站的大小、内容页面的数量，我们可以只链接部分主要的或者所有的栏目页面。当搜索引擎找到站点地图页面后，通过它就可以快速地访问整个站点上的所有网页及栏目了（见图5-4）。

一个好的站点地图应具有以下特点：

（1）最起码应提供到站点最主要的页面上的文本链接；根据网站大小、网页数目的多少，应可以链接到主要的甚至所有的页面。

（2）为每一个链接提供一个简短的介绍，以提示访问者这部分内容是关于哪方面的。

（3）当用户查询在本网站上原来看过的相关信息时，告诉他们如何去查询，使用户只要在这一个网页内就可以找到所有希望查找的内容链接。

（4）为搜索引擎提供一条绿色通道，使搜索引擎程序能迅速收录本网站的主要网页。

（5）在站点地图的文本和超级链接里提及最主要的关键词和短语，帮助搜索引擎识别所链接的页面主题是关于哪方面的。

（6）帮助搜索引擎轻松索引一些动态页面。由于一些页面是动态产生的，如果不是用户行为调用，将不会显示出来，因此可以将此链接放在站点地图上，以帮助搜索引擎来索引重要的动态页面。

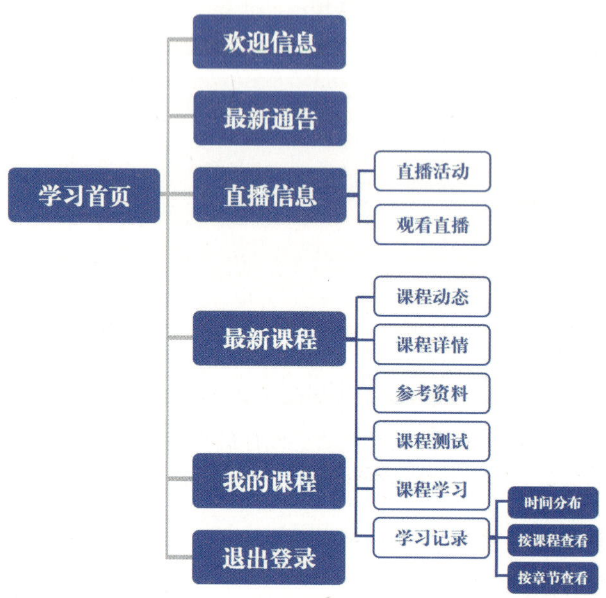

图5-4　某学习网站的站点地图

第二节　HTML语言

HTML是Hyper Text Markup Language的缩写，即超文本标签语言（见图5-5）。它是一种用来制作和描述网页文档的简单标记语言。所谓超文本，是指它可以加入图片、声音、动画、视频等多媒体内容，并且可以通过超级链接进行文档之间的跳跃式阅读，以及与世界各地主机的文件相连接。

图5-5　超文本标签语言

HTML既是一种规范，也是一种标准。它通过标记符号来标记网页中的各个部分。这种文档的扩展名可以是HTM或HTML。简而言之，网页的本质就是HTML，通过结合使用其他Web技术，可以创造出功能强大的网页（见图5-6）。

图5-6 查看网页源代码

用HTML编写的超文本文档能够兼容于各类操作系统平台（如Windows、Linux等）。HTML描述的网页信息的格式设计以及与其他网络的连接信息需要通过客户端浏览器解释后才会显示出相应的信息效果。不同的浏览器对同一标记符可能会有不完全相同的解释，因而可能会有不同的显示效果（见图5-7）。

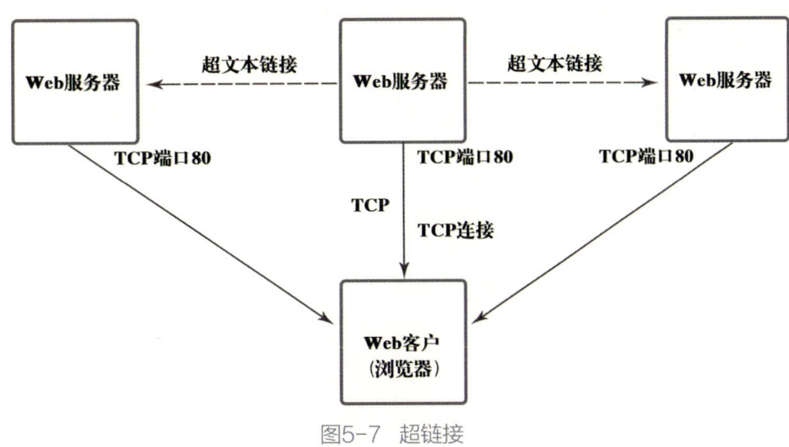

图5-7 超链接

超链接（hyper link）是指HTML文件加入标签，通过网页浏览器可以从一个页面指向另一个目标的连接关系。这个目标既可以是另一个网页，也可以是同一个网页上的不同位置，还可以是一段文字或一张图片、一个电子邮件地址、一个文件，甚至是一个应用程序。

根据网页中用来做超链接的对象的不同，超链接可以分为文本超链接、图像超链接、E-mail链接、锚点链接、多媒体文件链接、空链接等。其中，多媒体文件链接可以使用图形、声音、动画、影视图像等多媒体文件作为链接对象，也称作超媒体链接。根据网页中链接的路径的不同，超链接一般分为内部链接、锚点链接和外部链接3种类型。

一、标签分类

标签是HTML语言中最基本的单位。它是建立网页结构及功能模块的标准通用标记语言。例如，在<title></title>这对标签中，书写的代码内容属于网页的标题内容；在<b></b>这对标签中，书写的内容是将文字加粗等。总之，网页的搭建过程是通过标签编写完成的。

（一）按照数量分为单标签和双标签

1. 单标签

某些标签称为“单标签”，因为它只需单独使用就能完整地表达意思。这类标签的语法是：<标签 属性="值">，如图5-8所示。

图5-8　单标签书写规范

2. 双标签

双标签由“始标签”和“尾标签”两部分构成，必须成对使用。其中，始标签告诉Web浏览器从此处开始执行该标签所表示的功能，尾标签告诉Web浏览器在此处结束该功能。始标签前加一个斜杠（/）即成为尾标签。

这类标签的语法是：<标签 属性="值">内容</标签>，如图5-9、图5-10所示。

图5-9　双标签书写规范

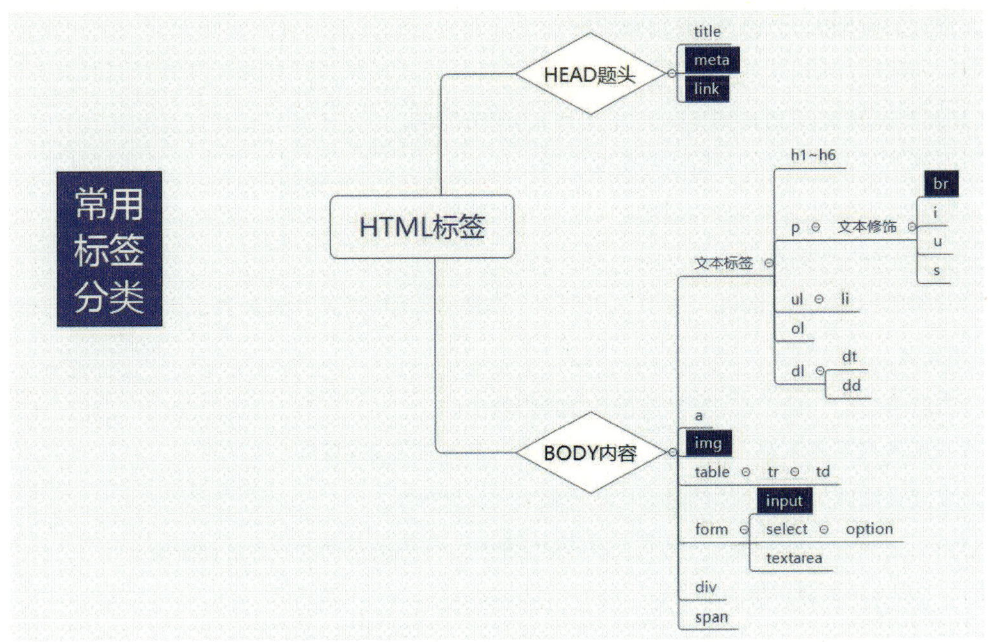

图5-10 蓝色的为单标签，白色的为双标签

（二）按照类型分为行内标签和块级标签

行内指标签后面的内容不换行，所有内容都在同一行里；块级标签自成一行，标签后面的内容会自动换行（见图5-11）。

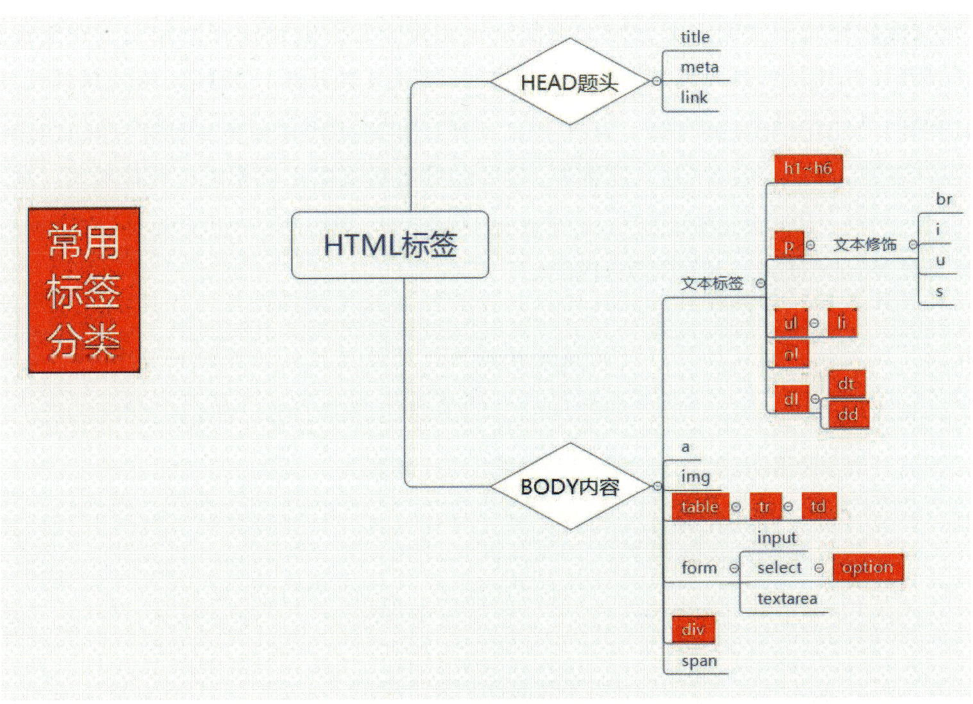

图5-11 红色的为块级标签

二、标签编写的注意事项与规范

（1）应使用正确的文档声明（DOCTYPE）和命名空间。

（2）所有的标签和属性应使用小写英文字母。

（3）应给所有的属性值添加双引号。

（4）应闭合所有的标签。

（5）不要在注释内容中使用 “--”。“--” 只能发生在HTML注释的开头或结束，也就是说，在内容中它们不再有效。

（6）把所有“< ”和“ &”等特殊符号用编码表示。

（7）代码的书写顺序为：从左到右，从外到内，先写标签后写属性。

（8）网页读取HTML代码的顺序为：从上到下，从里到外。

（9）在保证嵌套关系正确的前提下，换行和空格应对代码的正确性没有任何影响。

（10）双标签的嵌套正确的写法为：<b><i>内容</i></b>。不要写成：<b><i>内容</b></i>。

（11）在HTML语言中，有两种方法可以控制空格：①添加英文空格代码“ ”（注意，这不是标签）。②切换到任意一种中文输入法的全角状态（快捷键【Shift】+【Space】）就可以直接输入空格了。

三、 标签应用

首先我们来了解一下 HTML 文档的基本结构，一个网页是如何通过标签一步步建立起来的。一个标准的HTML5.0的文档主要分为两大部分：一是文件头部分<head>，二是内容部分<body>。文件头部分<head>主要是一些网页中不可见的内容，包括标题、字符格式、语言、兼容性、关键字、描述等信息；内容部分<body>主要是网页设计中可视化的部分，包括广告、导航、新闻信息等所有网页功能模块的代码编写部分。

我们可以通过Dreamweaver、记事本、Word等各种文本工具来进行代码编写。先写好声明<!DOCTYPE html>，告知浏览器当前文档的语言是HTML5.0，然后再写<html>标签。其他网页的所有标签内容都要写在<html>标签中，编写的具体框架如下：

```
<html>                      /*文档开头*/
<head>                      /*用于定义文件头部分，它是所有文件头部元素的容器*/
<title>文档的标题</title>    /*用来定义网页的标题*/
</head>

<body>                      /*文档的内容部分，文档内容的开始*/
文档的内容……
</body>                     /*文档内容的结束*/
</html>                     /*文档结束*/
```

注意，这里的<html><head><title><body>都属于双标签，不要忘记尾标签的书写，且在尾标签中要加斜杠“/”（</html></head></title></body>）。某些时候不按标准代码书写虽然可以正常显示，但是作为职业素养，还是应该养成符合规范的编写习惯。

（一）<head>文件头标签

<head>文件头标签是双标签，<head>元素是所有头部元素的容器。位于<head>内部的元素可以包含脚本，指引浏览器找到样式表，提供元信息等，通常包括<title><meta><link><script>等标签。

1. <title>……</title> 双标签

<title>……</title> 双标签用来定义网页的标题。如图5-12所示的苏宁易购网页的页头部分是由<title>……</title> 双标签来编写的。

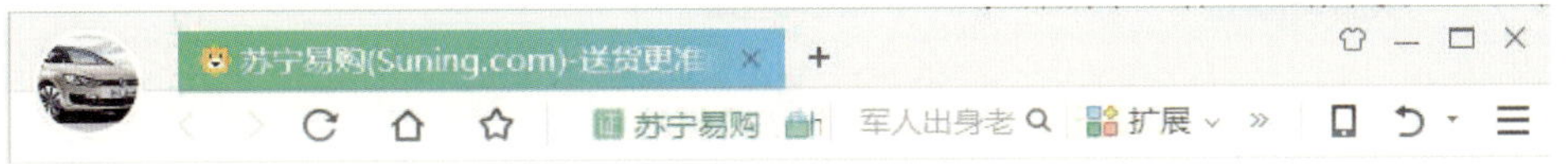

图5-12 苏宁易购标签命名

2. <meta> 单标签

<meta>单标签可提供有关页面的元信息（meta-information），如针对搜索引擎、更新频率的描述以及搜索关键词。<meta>标签位于<head>文件头标签中，是网页中不可见的内容。科学地规划<meta>元素属性可以大大提高网页的利用及运行效率。例如，关键词（keyword）的使用会提高搜索引擎对该网站的定位，提高网站在搜索引擎中的排位；“charset”的信息参数是GB2312（或GBK）时，说明网站采用的编码是简体中文；“charset”的信息参数是UTF-8时，说明网址采用的是世界通用的语言编码。

（1）定义网页的关键词。关键词有助于用户搜索时准确找到网站。图5-13所示效果的代码如下：

```
<meta name="keywords"content="新东方,外语,考研英语" />
```

图5-13 通过关键词搜索

（2） 定义网站的说明。网站说明是当用户搜索某一网站时，在搜索页面上对该网站的一段简短介绍。图5-14所示效果的代码如下：

```
<meta name="description" content="携程旅行网是中国领先的在线旅行服务公司，向超过9000万会员提供酒店预订、酒店点评及特价酒店查询、机票预订、飞机票查询、时刻表、票价查询、航班查询、度假预订、商旅管理，为您的出行提供全方位旅行服务。" />
```

图5-14 网站说明

（3）定义网站的字符编码方式。举例如下：

```
<meta http-equiv="Content-Type"content="text/html; charset=gb2312" />
```

注意，简体中文的字符编码为GB2312；繁体中文的字符编码为BIG5；英文的字符编码为ISO8859-1。

（二）内容标签

<body>……</body> 双标签定义文档的内容，包含文档的所有内容（如文本、图像、颜色和图形等）。

1. 定义网页背景颜色

图5-15所示效果的代码如下：

```
<body bgcolor="#FF0000">……</body>
```

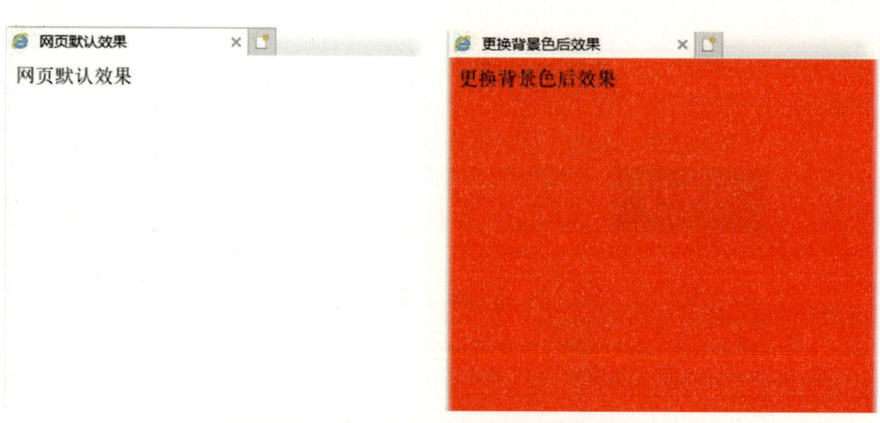

图5-15 通过bgcolor="red"定义背景色

2. HTML对颜色的控制

HTML对颜色的控制有自己的语法：使用16进制的RGB颜色值对颜色进行控制。16进制的数码有“0,1,2,3,4,5,6,7,8,9,a,b,c,d,e,f”，书写规范为“#RRGGBB”。

3. 定义网页的背景图像

在网页中添加图像的方法有两种：插入图和定义背景图。

插入图像可以使用<img>标签，例如：<img src="images/要插入的图片名称">。图片名称要用英文命名。

定义网页的背景图像如图5-16所示，其代码如下：

```
<body style="background-image:url(images/fengjing.jpg)">
```

图5-16 background-image定义背景图像

（三）文本标签

用来编辑网页文字部分的标签可以对网页文字进行编排、修饰等。常用的标签包括：<h1>……<h6>标签、<p>……</p>标签、
标签等，用于段落编辑；<strong>……</strong>标签、<b>……</b>标签、<em>……</em>标签等，用于文字修饰。

1. <h1>……<h6>标签——块级别元素

它可以用来设置网页的标题文本。图5-17所示效果的代码如下：

```
<body>
<h1>标题1<h1>
<h2>标题2<h2>
<h3>标题3<h3>
</body>
```

注意，<h1>……<h3>标签本身带有字号值及外边框值（见图5-18）。

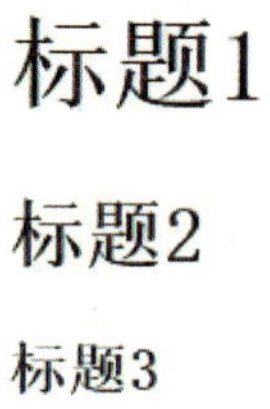

标题1

标题2

标题3

图5-17 用<h1>……<h3>标签编写的文字效果

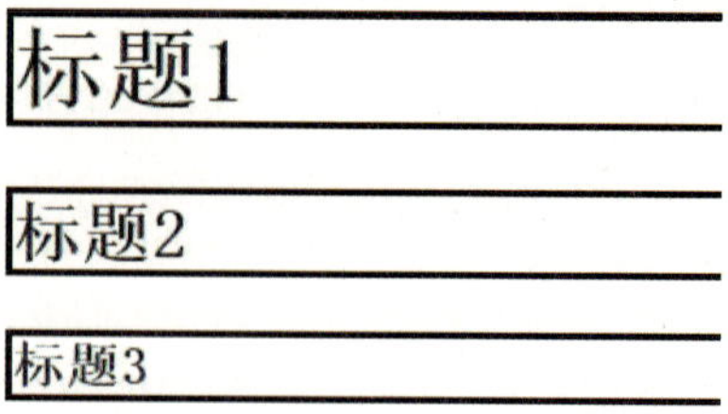

标题1

标题2

标题3

图5-18 <h1>……<h3>标签本身带有字号值及外边框值

2. <p>……</p>标签——块级别元素

它用来定义段落。图5-19所示效果的代码如下：

```
<body>
<p>2016年1月起实施的《石油价格管理办法》规定，国内汽柴油最高零售价与国际油价挂钩，并设置了每桶40美元的“地板价”和每桶130美元的“天花板价”，在中间区间时该降就降，该升就升。</p>
<p>多家机构预测本次下调幅度将有所收窄。隆众资讯测算的对应汽柴油下调幅度为120元/吨，另据卓创资讯测算，对应下调130元/吨。</p>
</body>
```

注意，<p>……</p>标签也是带有固定字号及外边框大小的。

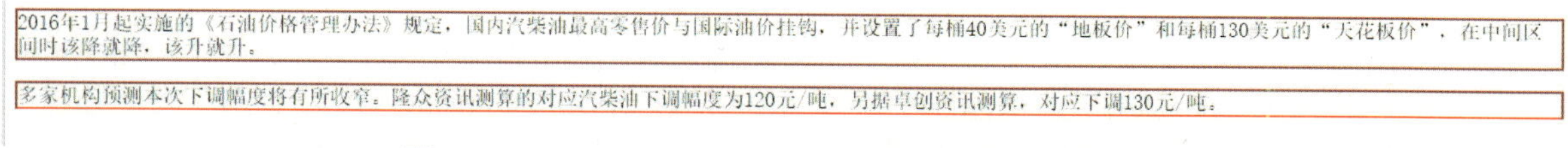

2016年1月起实施的《石油价格管理办法》规定，国内汽柴油最高零售价与国际油价挂钩，并设置了每桶40美元的“地板价”和每桶130美元的“天花板价”，在中间区间时该降就降，该升就升。

多家机构预测本次下调幅度将有所收窄。隆众资讯测算的对应汽柴油下调幅度为120元/吨，另据卓创资讯测算，对应下调130元/吨。

图5-19 <p>……</p>标签本身带有固定字号及外边框大小

3.
 标签——内联元素

它用于文字换行。图5-20所示效果的代码如下：

```
<body>
<p>2016年1月起实施的《石油价格管理办法》规定，国内汽柴油最高零售价与国际油价挂钩，并设置了每桶40美元的“地板价”和每桶130美元的“天花板价”，在中间区间时该降就降，该升就升。
<br>多家机构预测本次下调幅度将有所收窄。隆众资讯测算的对应汽柴油下调幅度为120元/吨，另据卓创资讯测算，对应下调130元/吨。</p>
</body>
```

图5-20所示为
标签的应用，效果和图5-19相似，但中间没有段落空距。

2016年1月起实施的《石油价格管理办法》规定，国内汽柴油最高零售价与国际油价挂钩，并设置了每桶40美元的“地板价”和每桶130美元的“天花板价”，在中间区间时该降就降，该升就升。
多家机构预测本次下调幅度将有所收窄。隆众资讯测算的对应汽柴油下调幅度为120元/吨，另据卓创资讯测算，对应下调130元/吨。

图5-20
标签的应用，中间没有段落空距

4. 文本的修饰效果

图5-21所示效果的代码如下：

```
<strong>加粗字体</strong>
<b>加粗字体</b>
<em>倾斜字体</em>
<i>斜体字</i>
<u>文字下画线</u>
<s>带删除线文字</s>
```

字体 **加粗字体** **加粗字体** *倾斜字体* *斜体字* <u>文字下画线</u> ~~带删除线文字~~

图5-21 文本的修饰效果

（四）列表的类型

列表分为无序列表<ul>和有序列表<ol>两种。列表由列表类型和列表项两部分构成，也就是说，由两对标签来组成。

1. 无序列表——块级别元素

<ul>……</ul> 双标签用于定义无序列表， <li>……</li> 双标签用于定义列表项目。图5-22 所示效果的代码如下：

```
<ul>
<li>列表项1</li>
<li>列表项2</li>
</ul>
```

- 列表项1
- 列表项2

图5-22 无序列表效果

2. 有序列表——块级别元素

<ol>……</ol> 双标签用于定义无序列表， <li>……</li> 双标签用于定义列表项目。图5-23所示效果的代码如下：

```
<ol>
<li>列表项1</li>
<li>列表项2</li>
</ol>
```

1. 列表项1
2. 列表项2

图5-23 有序列表效果

3. 层级列表——块级别元素

<dl>……</dl> 双标签用于定义列表，<dt>……</dt> 双标签定义了定义列表中的项目（即术语部分），<dd>……</dd> 双标签可在定义列表中定义条目的定义部分。图5-24所示效果的代码如下：

```
<dl>
<dt>美国首都</dt>
<dd>华盛顿</dd>
<dt>中国首都</dt>
<dd>北京</dd>
</dl>
```

美国首都
　　华盛顿
中国首都
　　北京

图5-24 层级列表效果

（五）链接标签<a>——内联元素

1. 定义和用法

首先，通过<a>标签可以建立网页与网页之间的超链接，语法为：

```
<a href="http://www.runoob.com">访问菜鸟教程!</a>
```

注意，“href”是指定超链接目标的URL。

其次，通过<a>标签可以建立锚，有两种办法：

（1）通过使用 “href” 属性，创建一个文档到另一个文档的链接，包括绝对链接和相对链接。图5-25所示效果的代码如下：

```
<a href="">链接</a>
```

链接

图5-25 链接样式

在所有浏览器中，链接的默认外观如下：①未被访问的链接带有下划线，而且是蓝色的；②已被访问的链接带有下划线，而且是紫色的；③活动链接带有下划线，而且是红色的。

（2）通过使用 “name” 属性，创建一个文档内部的书签。图5-26所示效果的代码如下：

```
<p>
```

```
<a href="#03">跳转到第三章</a>
</p>
<h1>第一章</h1>
<h1>第二章</h1>
<h1><a name="03">第三章</a></h1>
```

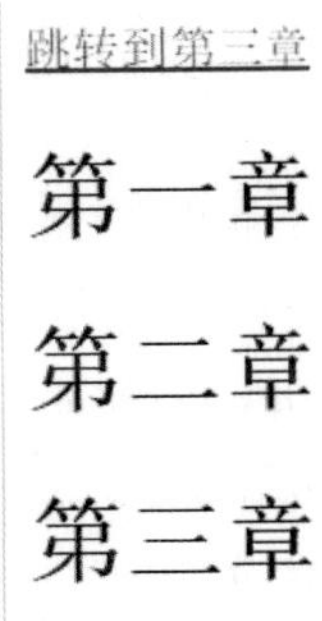

注意，用“href="#03"”做跳转链接时，一定要添加“#”，并用“name="03"”标记好要跳转的位置。

跳转到第三章

第一章

第二章

第三章

图5-26 跳转链接方式

2. 定义绝对链接

定义绝对链接的语法如下：

```
<a href=“http://www.baidu.cn”>指向网站的超级链接</a>
<a href="zhug3366@163.com">指向E-mail地址的超级链接</a>
```

链接属性控制的语法如下：

```
<a href="http://www.baidu.cn" target="_blank">在新的窗口中打开超级链接</a>
```

注意，“target”属性用于指定所链接的页面在浏览器窗口中的打开方式，“_blank”是其中重要的参数，表示在新浏览器窗口中打开链接文件。

3. 定义相对链接

定义相对链接的语法如下：

```
<a href="bg.gif">打开相对链接</a>
```

相对路径（同一盘符）有3种书写形式：①同一级，如background= "bg.gif"。②下一级，如background= "img/bg.gif"。③上一级，如background= "../bg.gif"。

它可以链接计算机中的任何文件，对于浏览器支持的文件格式可以直接打开，对于浏览器不支持的文件格式将直接下载。定义锚记链接的过程分为两步：

第一步，命名锚记，语法为：<a name="link1">要到达的目的地</a>。

第二步，制作链接，语法为：<a href="#link1">链接文本</a>。

（六）图像标签<img>——内联元素

1. 定义和用法

<img> 标签可以在网页中插入图像。其基本语法为：

```
<img src="图片路径">
```

引用图片必须用<img>元素标志。<img>元素下的基本元素属性是“src”属性，“src”的属性值为所引用图片的url地址。

“src”属性是必需的。其url地址既可以是绝对路径，也可以是相对路径。

2. 定义图像替代文本

所谓图像的替代文本，是指图片不能显示时在图片所在位置显示的一段文本或当光标移到图片上时显示的替代文本。

定义图片替代文本的语法为：

```
<img src="piano.jpg" title="这是一张钢琴图片" />
```

3. 给图像添加链接

图像的超级链接是指当单击图像的任何部分时都会打开整张图像的超级链接。

定义默认超级链接的语法为：

```
<a href="http://www.huban.com/all/"><img src="daxiang.jpg" ></a>
```

（七）表格标签

1. 定义和用法

（1）<table>……</table> 双标签用于定义表格。每个表格只有一对<table>和</table>，一张页面中可以有多个表格（见图5-27）。

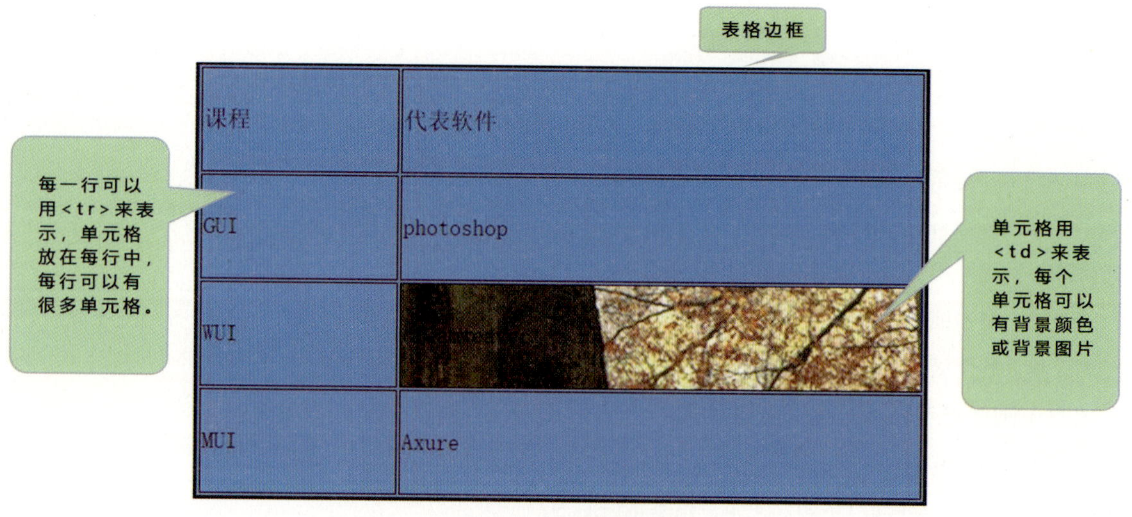

图5-27 <table>表格样式

（2）<tr>……</tr> 双标签用于定义表格的行。一个表格可以有多行，所以<tr>对于一个表格来说不是唯一的。

（3）<td>……</td> 双标签用于定义表格的一个单元格。每行可以有不同数量的单元格，在<td>和</td>之间将出现表格的每一个单元格里的具体内容。

需要注意的是，上述3种标签必须配对使用。缺少任何一个标签，都无法定义出一个表格。

图5-28所示效果的代码如下：

```
<table>
<tr>
<td>内容</td><td>内容</td><td>内容</td><td>内容</td>
</tr>
<tr>
<td>内容</td><td colspan="2">内容</td><td>内容</td><td>内容</td>
</tr>
</table>
```

其中，“colspan”属性值表示当前单元格跨越几列。

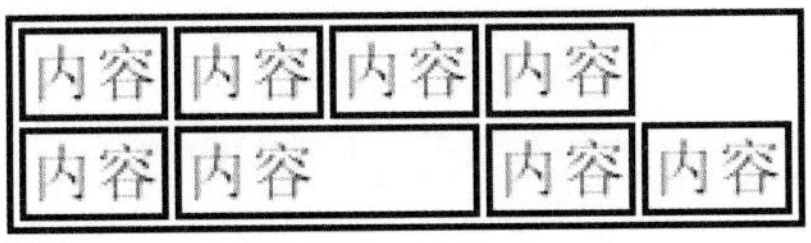

<table>
<tr><td>内容</td><td>内容</td><td>内容</td><td>内容</td><td></td></tr>
<tr><td>内容</td><td colspan="2">内容</td><td>内容</td><td>内容</td></tr>
</table>

图5-28　colspan跨列

图5-29所示效果的代码如下：

```
<table>
<tr>
<td rowspan="2">内容</td><td>内容</td>
</tr>
<tr>
<td rowspan="2">内容</td><td>内容</td>
</tr>
</table>
```

其中，“rowspan”属性值表示当前单元格跨越几行。

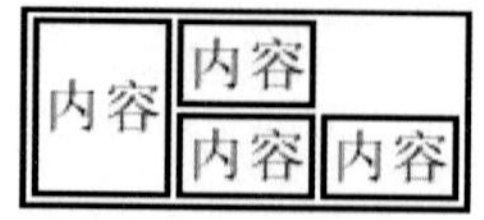

图5-29 rowspan跨行

2. <table>表格属性

（1）“width”属性用于定义表格宽度。图5-30所示效果的代码如下：

```
<table border="1" width="300">
<tr>
<td>学校</td><td>录取分数</td>
</tr>
<tr>
<td>清华大学</td><td>688.4</td>
</tr>
<tr>
<td>北京理工大学l</td><td>648.6</td>
</tr>
<tr>
<td>哈尔滨工业大学</td><td>650.8</td>
</tr>
</table>
```

学校	录取分数
清华大学	688.4
北京理工大学	648.6
哈尔滨工业大学	650.8

图5-30 “width”属性定义表格宽度

（2）“height”属性用于定义表格高度。图5-31所示效果的代码如下：

```
<table border="1" height="280">
<tr>
<td>学校</td><td>录取分数</td>
</tr>
<tr>
```

```
<td>清华大学</td><td>688.4</td>
</tr>
<tr>
<td>北京理工大学l</td><td>648.6</td>
</tr>
<tr>
<td>哈尔滨工业大学</td><td>650.8</td>
</tr>
</table>
```

学校	录取分数
清华大学	688.4
北京理工大学	648.6
哈尔滨工业大学	650.8

图5-31 “height”属性定义表格高度

（3）“bordercolor”属性用于定义边框颜色。图5-32所示效果的代码如下：

```
<table border="1" bordercolor="#FF0000">
<tr>
<td>学校</td><td>录取分数</td>
</tr>
<tr>
<td>清华大学</td><td>688.4</td>
</tr>
<tr>
<td>北京理工大学l</td><td>648.6</td>
</tr>
<tr>
<td>哈尔滨工业大学</td><td>650.8</td>
</tr>
</table>
```

学校	录取分数
清华大学	688.4
北京理工大学	648.6
哈尔滨工业大学	650.8

图5-32 “bordercolor”属性定义边框颜色

（4）“cellspacing”属性用于定义单元格间距。图5-33所示效果的代码如下：

```
<table border="1" cellspacing="10">
<tr>
<td>学校</td><td>录取分数</td>
</tr>
<tr>
```

学校	录取分数
清华大学	688.4
北京理工大学	648.6
哈尔滨工业大学	650.8

图5-33 “cellspacing”属性定义单元格间距

```
<td>清华大学</td><td>688.4</td>
</tr>
<tr>
<td>北京理工大学l</td><td>648.6</td>
</tr>
<tr>
<td>哈尔滨工业大学</td><td>650.8</td>
</tr>
</table>
```

（5）“cellpadding”属性用于定义单元格填充。图5-34所示效果的代码如下：

```
<table border="1" cellpadding="30">
<tr>
<td>学校</td><td>录取分数</td>
</tr>
<tr>
<td>清华大学</td><td>688.4</td>
</tr>
<tr>
<td>北京理工大学l</td><td>648.6</td>
</tr>
<tr>
<td>哈尔滨工业大学</td><td>650.8</td>
</tr>
</table>
```

学校	录取分数
清华大学	688. 4
北京理工大学	648. 6
哈尔滨工业大学	650. 8

图5-34 “cellpadding”属性定义单元格填充

（6）“align”属性用于设置内容水平对齐。图5-35所示效果的代码如下：

```
<table border="1" >
<tr>
<td width="200" align="center">学校</td><td>录取分数</td>
</tr>
<tr>
<td width="200" align="center">清华大学</td><td>688.4</td>
```

```
</tr>
<tr>
<td width="200" align="center">北京理工大学</td><td>648.6</td>
</tr>
<tr>
<td width="200" align="center">哈尔滨工业大学</td><td>650.8</td>
</tr>
</table>
```

（7）“valign”属性用于设置内容垂直对齐。图5-36所示效果的代码如下：

```
<table border="1" >
<tr>
<td height="50" valign="center">学校</td><td>录取分数</td>
</tr>
<tr>
<td height="50" valign="center">清华大学</td><td>688.4</td>
</tr>
<tr>
<td height="50" valign="center">北京理工大学</td><td>648.6</td>
</tr>
<tr>
<td height="50" valign="center">哈尔滨工业大学</td><td>650.8</td>
</tr>
</table>
```

学校	录取分数
清华大学	688.4
北京理工大学	648.6
哈尔滨工业大学	650.8

图5-35 “align”属性设置内容水平对齐

学校	录取分数
清华大学	688.4
北京理工大学	648.6
哈尔滨工业大学	650.8

图5-36 “valign”属性设置内容垂直对齐

（八）表单标签

HTML表单是HTML页面与浏览器端实现交互的重要手段。利用表单可以收集客户端提交的有关信息（见图5-37）。

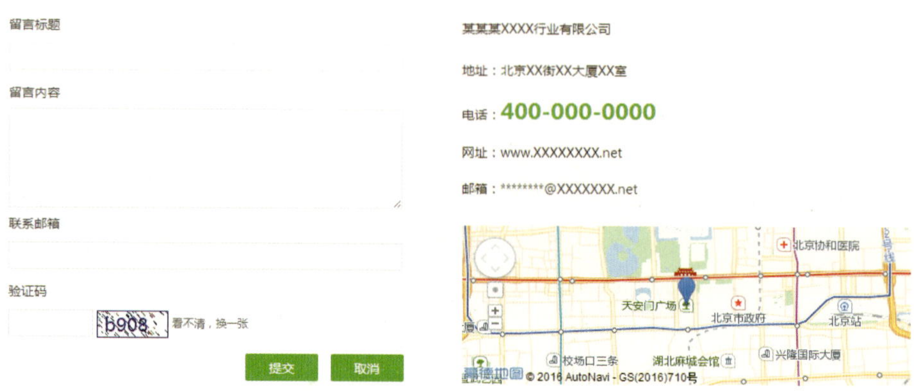

图5-37　常用表单样式

图5-38　<form>元素定义表单

我们可以定义表单，并且使表单与PHP或JSP等服务器端的表单处理程序配合。网页设计课程不会涉及网站后台程序编制。

1. <form> 标签——行内对象

它用于定义网页中的表单元素的作用范围。表单域可包含文本域、复选框、单选按钮等。

表单用于向指定的URL地址传递用户数据。表单是网页中的一个特定区域，由一对<form>元素定义（见图5-38）。

它的语法为：

```
<form action="mail.asp" method="get"></form>
```

其中，“action”属性用于定义表单处理程序（ASP、CGI等程序）的位置（相对地址或绝对地址）；“method”属性用于定义将表单结果从浏览器传送到服务器的方法。其一般有两种方法：get、post。

2. <input> 标签——行内对象

（1）定义文本框。图5-39所示效果的代码如下：

```
<input type="text" size="10" maxlength="4" value="默认值" />
```

用户名：请输入用户名

图5-39　<input type="text">添加文本框

其中，“type”属性用于定义输入的类型，“text”为文本框；“size”属性用于定义文本框的字符宽度；“maxlength”属性用于定义最大字符数；“value”属性用于定义文本框中的默认值。

实例讲解

图5-40所示效果的代码如下：

```
<body>
<form action="mailto://zhug3366@163.com" method="get">用户名：<input
type="text" value="输入用户名" />
</form>
</body>
```

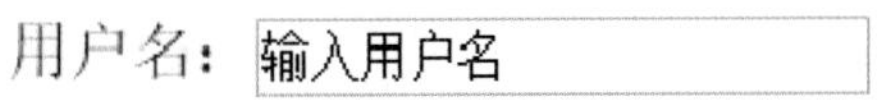

用户名：输入用户名

图5-40 常用表单文本框

（2）定义密码框。图5-41所示效果的代码如下：

```
<input type="password" size="10" maxlength="8" value="默认值" />
```

其中，“type”属性用于定义输入的类型，“text”为文本框；“size”属性用于定义文本框的字符宽度；“maxlength”属性用于定义最大字符数；“value”属性用于定义文本框中的默认值。

密码：●●●●●●●●

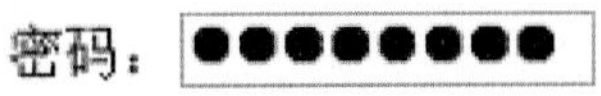

图5-41 <type="password"> 密码框

（3）定义单选按钮。图5-42所示效果的代码如下：

```
<input type="radio" name="sex" checked="checked" />
```

其中，“type”属性用于定义输入的类型，“radio”为单选按钮；“name”属性用于定义单选按钮的变量名称，多个单选按钮的名称必须一致；“checked”属性用于定义单选按钮默认的选中状态。

性别：◉ 男 ○ 女

图5-42 <type="radio">单选按钮

（4）定义复选按钮。图5-43所示效果的代码如下：

```
<input type="checkbox" checked="checked" />
```

其中，“type”属性用于定义输入的类型，“checkbox”为复选按钮；“checked”属性用于定义复选按钮默认的选中状态。

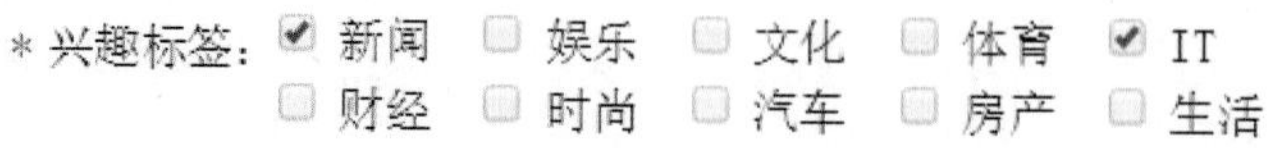

＊兴趣标签：新闻 娱乐 文化 体育 IT
财经 时尚 汽车 房产 生活

图5-43 <type="checkbox">复选按钮

实例讲解

图5-44所示效果的代码如下：

```
<form action="mailto://zhug3366@163.com" method="get">
请选择您要办理的套餐：
<input type="checkbox" />神州行
<input type="checkbox" />全球通
<input type="checkbox" />动感地带
</form>
```

请选择您要办理的套餐： 神州行 全球通 动感地带

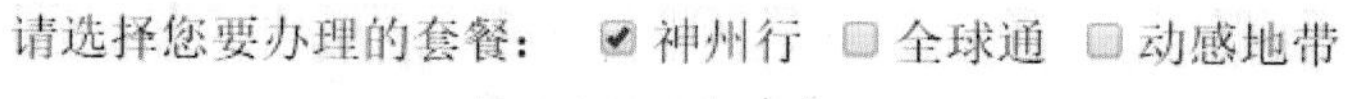

图5-44 复选按钮

（5）定义文件域。图5-45所示效果的代码如下：

```
<input type="file" size="10" />
```

其中，“type”属性用于定义输入的类型，“file”为文件域；“size”属性用于定义文件域中文本框的字符宽度。

获取短信验证码

图5-45 <type="file">文件域

（6）定义表单按钮。图5-46所示效果的代码如下：

```
<input type="submit" value="确定提交" />
<input type="reset" value="重新填写" />
```

确定提交 重新填写

图5-46 表单按钮

其中，“type”属性用于定义输入的类型，“submit”为提交按钮，“reset”为重置按钮；“value”属性用于定义按钮中的默认文本。

（7）定义图像域。图5-47所示效果的代码如下：

```
<input type="image" width="300" height="400" src="图片位置f" />
```

其中，“type”属性用于定义输入的类型，“image”为图像域；“src”属性用于定义图像域中图片源文件的路径位置。

图5-47 定义图像域

3. <textarea> 标签——行内对象

它用于定义文本区域。图5-48所示效果的代码如下：

```
<textarea rows="10" cols="50"></textarea>
```

其中，“rows”属性用于定义文本区域的高度；“cols”属性用于定义文本区域的宽度。

图5-48 定义文本区域

4. <select> 和 <option> 标签

<select>……</select> 双标签（行内对象）、<option>……</option> 双标签（块级别元素）用于定义下拉列表，如图5-49所示效果的代码如下：

```
<select>
<option value="1">套餐一
<option value="2" selected="selected">套餐二
<option value="3">套餐三
</select>
```

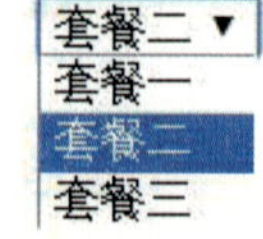

图5-49　定义下拉列表

其中，“value”属性用于定义下拉列表的值；“selected”属性用于定义默认选中的状态。

实例讲解

图5-50所示效果的代码如下：

```
<form action="mailto://zhug3366@163.com" method="get">
请选择查找的时间范围
<select>
<option selected="selected">近3天</option>
<option>近一周</option>
<option>近半年</option>
<option>近一年</option>
</select>
</form>
```

请选择查找的时间范围 近3天 ▼

图5-50　定义下拉列表实例

（九）框架标签

框架可以建立网页的网格系统。它可以将网页划分成多个独立的部分，且每一部分可再用行（“rows”属性）和列（“cols”属性）进行划分。框架可以使用<frameset></frameset>进行标记。其常用属性如表5-1所示。

表5-1 框架属性描述

属 性	描 述
cols	HTML5.0不支持。规定框架集中列的数目和尺寸
rows	HTML5.0不支持。规定框架集中行的数目和尺寸

注意，此元素在 Microsoft Internet Explorer 3.0 的 HTML 中可用，在 Internet Explorer 4.0 的脚本中可用。

<frameset></frameset> 标签不能与<body></body> 标签一起使用。

框架的语法如下：

```
<frameset cols="150,* " border="px值" bordercolor="颜色值" frameborder="0"
framespacing=" px值 ">
</frameset>

<frame src="源文件名.html" name="框架名" border="px值" bordercolor="颜色值"
marginwidth="px值" marginheight="px值"
scrolling="yes|no|auto"noresize="noresize" />
```

框架间的链接语法如下：

```
<a href="目标文件名.html" target="框架名">超链接显示文本</a>
```

图5-51所示效果的代码如下：

```
<!DOCTYPE html>
<html>
<frameset cols="25%,*,25%">
  <frame src="frame_a.htm">
  <frame src="frame_b.htm">
  <frame src="frame_c.htm">
</frameset>
</html>
```

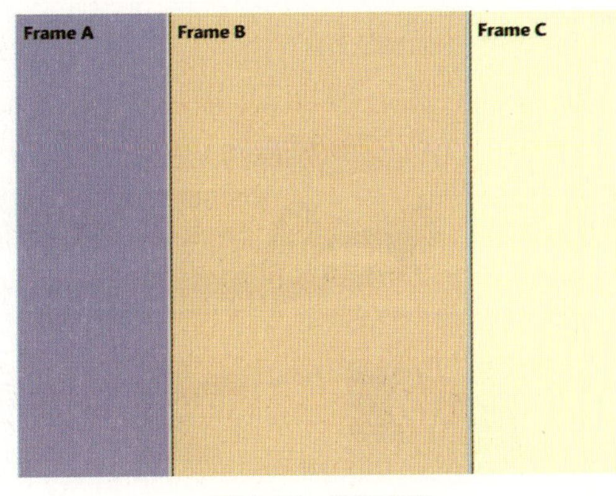

图5-51 框架实例

语法中的意义解释如下：

（1）cols="150,*"。“cols”指垂直分割画面，既可以是整数值，也可以是百分比；“*”表示分割画面剩余的部分；有几个数值则代表每部分分割的大小，数值中间用“,”隔开。例如，“cols="150,*,20%"”指的是将画面垂直分成3份，第一部分为150 px，第三部分占整个画面的20%，第二部分是第一和第三部分分割后剩下的大小，即用“*”表示。

（2）rows="130,*"。“rows”指水平切割画面，参数设置与“cols”属性相同。注意，“cols”不要与“rows”同时使用。

（3）border=" px值"：指边框大小。

（4）bordercolor="颜色值"：指边框的颜色。

（5）frameborder=0：指是否有边框。其值只有“0”和“1”，“0”表示不要边框，“1”表示要显示边框，避免使用“yes”或“no”。

（6）framespacing=" px值"：表示框架与框架间的空白距离。

（7）marginwidth=" px值"：表示框架宽度部分边缘所保留的空间。

（8）marginheight=" px值"：表示框架高度部分边缘所保留的空间。

（9）name="框架名"：设定框架名称。

（10）src="源文件名.html"：设定此框架中要显示的网页档案名称，每个框架一定要对应一个网页档案；可以使用绝对路径或相对路径。

（十）布局标签

布局就是构建页面的网格结构或各功能模块。实际上，没有必须作为布局应用的特定的标签，但是有一些习惯用法。例如，对于大的结构组块，一般首选<div>；对于嵌入模块，一般会使用<span>；横向导航里的各部分内容可以使用<ul>和<li>；纵向内容可以使用层级列表<dl><dt><dd>等。之所以不局限于使用<div>和<span>来布局，是因为后期使用CSS装饰时，会造成大量冗繁的命名信息，不利于代码编辑。设计师要善于利用各种标签元素的属性特点，达到事半功倍的效果。

图5-52　模块布局

1. <div> 标签——块级别元素

<div> 标签定义HTML文档中的一个分隔区块或者一个区域部分。它是一个块级别元素，可以通过里面放置的内容自动撑起高度，宽度默认是自动（见图5-52）。

每个网页模块部分可以使用多个<div>盒子来搭建。例如，图5-52所示的网页导航部分、横幅广告部分、产品展示部分都可以使用<div>创建。

图5-53所示效果的代码如下：

```
<div align="center" style="border:solid 1px;background:#70543A;color:white">内容
</div>
```

内容

图5-53 内容自动撑起行高

2. <span>标签——内联元素

它是范围标签，特点是无效果。

<span>标签本身没有任何默认CSS样式，也不是一个块元素标签。它不像<div>标签独占一行，而是随内容的多少而自适应宽度、高度。不对<span>设置CSS时，使用<span>的效果相当于没有使用。

其使用方法和<div>相同：<span>内容</span>。其中，内容可以放置文字和<img>等。小布局范围或需要特殊独立设置的区域可以用<span>来划分。

3. 语义化标签应注意的一些问题

（1）尽可能少地使用无语义标签<div>和<span>。

（2）在语义不明显，既可用<p>也可用<div>的地方，建议尽量用<p>，因为它有上下间距，可读性好。

（3）不要将纯样式标签（如<b><i><u>等）直接写进CSS设置里。

四、路径书写规范

路径能够帮助我们正确查找到文件的位置。HTML初学者经常会遇到这样一个问题：如何正确引用一个文件？比如，怎样在一个HTML网页中引用另一个HTML网页作为超链接？怎样在一个网页中插入一张图片？

如果在引用文件时（如加入超链接或者插入图片等）使用了错误的文件路径，就会导致引用失效而无法浏览链接文件，或无法显示插入的图片等。为了避免这些错误，通过准确的路径查找到文件所在的位置十分关键。

HTML有两种路径的写法——绝对路径和相对路径。

（一）绝对路径

绝对路径是指带域名的文件的完整路径。

例如，注册域名“www.zhug3366.com”并申请虚拟主机后，虚拟主机服务商会提供一个目录，比如“www”，这个“www”就是网站的根目录。

假设在“www”根目录下放了一个文件“index.html”，这个文件的绝对路径就是“http://www.zhug3366.com/index.html”。

假设在“www”根目录下建了一个目录“html_zhuye”，然后在该目录下放一个文件“index.html”，这个文件的绝对路径就是“http://www.zhug3366.com/html_zhuye/index.html”。

绝对路径有如下几种查找方式：

（1）网址：以“http://”开头。

（2）本地硬盘地址：以“file:///”开头。

（3）邮件链接：格式为“mailto:邮件地址”。

（4）锚记链接：作用是跳转到网页的指定位置。其设置方法为：①给目标位置命名：<a name="lt"></a>。②给起始位置添加链接<a href="#lt">您好</a>。

（二）相对路径

相对路径是指根据当前编写代码的文档去查找其他文件的位置，所有文件必须在一个盘符内。

相对路径有如下几种查找方式：

（1）同一级（兄弟级）：直接写文件名、小数点、扩展名。

假设“index.html”的路径是“c:/website/header/index.html”，“pic.jpg”的路径是“c:/website/header/pic.jpg”，则在“index.html”中加入“pic.jpg”超链接的代码应该这样写：

```
<a href = "pic.jpg">index.html</a>
```

（2）下一级（父—子级）：文件夹名称/文件名、小数点、扩展名。

假设“index.html”的路径是“c:/website/header/index.html”，“pic.jpg”的路径是“c:/website/header/img/pic.jpg”，则在“index.html”中加入“pic.jpg”超链接的代码应该这样写：

```
<a href = "img/pic.jpg">index.html</a>
```

（3）上一级（子—父级）：../文件名、小数点、扩展名。

假设“index.html”的路径是“c:/website/header/index.html”，“pic.jpg”的路径是“c:/website/pic.jpg”，则在“index.html”中加入“pic.jpg”超链接的代码应该这样写：

```
<a href = "../pic.jpg">index.html</a>
```

五、标签的父子级关系

大部分标签的子级标签会继承父级标签的效果。

部分标签的子级不继承父级效果，如<a>标签不继承颜色，多下划线。

从上到下，从子级到父级，当子级效果与父级效果有冲突时，子级的优先级别高于父级。

第三节 CSS样式

CSS层叠样式表是一种对网页进行美化、修饰的修饰类语言。

CSS 的优势有：

（1）比HTML更标准，属性更多，表现形式很少受限。

（2）表现和结构分离，便于维护。

CSS样式表由3个基本部分——选择器、属性和值组成（见图5-54）。

图5-54 标签选择器格式规范

一、样式表的添加方法

（一）行内样式

行内样式就是在标签中添加“style”属性，然后在“style”属性里书写样式表属性。

图5-55所示效果的代码如下：

```
<div style="width:100px;height:100px;background-color:red;color:white;">行内样式</div>
```

图5-55 行内样式添加方式

（二）内嵌样式

内嵌样式是在<head>标签之间添加一对<style>标签，然后把样式表写在这对<style>标签中。示例代码如下：

```
<head>
<style>
div{width:200px;height:200px;background-color:black;color:red;}
</style>
</head>
```

行内样式的优先级别要高于内嵌样式及链接样式。当一个标签同时被行内样式或者内嵌样式作用时，样式执行结果如图5-56所示。代码如下：

```
<html>
<head>
<meta charset="utf-8">
<title>行内样式优先</title>
<style>
div{width:200px;height:200px;background-color:black;color:red;}
</style>
</head>
<body>
<div style="width:100px;height:100px;background-color:red;color:white;">行内样式
</div>
</body>
</html>
```

图5-56　内嵌样式效果被行内样式取代

（三）链接样式

链接样式是在<head>之间添加<link>标签，把所有的样式表代码写到外部的CSS样式文件中，然后把这个CSS样式文件和网页进行关联。示例代码如下：

```
<head>
<meta charset="utf-8">
```

```
<title>链接样式表</title>
<link href="CSS/fontcolor.CSS" rel="stylesheet" type="text/CSS">
</head>
```

链接方式有助于后期改版调整。

二、样式表的选择器

（一）选择器的类型

1. 标签选择器

标签选择器就是指定HTML语言中的某个标签，给这个标签添加效果。在当前网页中，所有相同标签的效果都是一致的。标签选择器通常在内嵌方式和链接方式中使用。例如，可以在<head></head>文件头中写入<style></style>，在<style>标签中写入要装饰的标签选择器，如图5-57所示。代码如下：

```
<head>
<meta charset="utf-8">
<title>标签选择器</title>
<style>
div{width:300px;border:solid 2px black;}
</style>
</head>
```

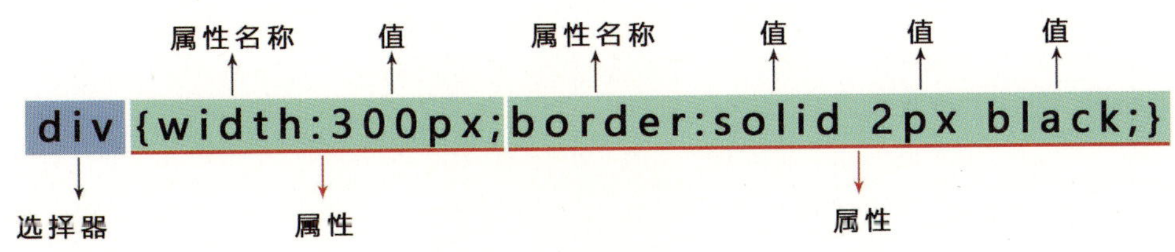

图5-57 标签选择器

图5-57所示代码的结果是将页面中所有“div”元素的属性设置为宽300 px、边框为2 px的黑色实线。但实际上还要考虑所有代码中各选择器的优先级，以及书写的上下位置来确定最终结果，具体可参照下文“（三）样式表的优先级别”。

通配符选择器“*”代表所有标签，添加样式表示把所有的标签都定义为相同的效果，一般用来做网页初始化效果。例如：“*{font-family:"微软雅黑"color:white;font-size:14 px;}”是将页面中的所有字体设定成微软雅黑、14 px、白色。

2. 自定义选择器

（1）类选择器。应自定义选择器的名称，以便对选择器进行针对性修饰。具体应用如下：

首先在标签中加“class”，定义选择的类名称（class="header"），然后到<style></style>中调用类名称，调用方式是小数点加自定义名称（英文小写有意义），如图5-58所示。代码如下：

```
<body>
<div class="header">类选择器</div>
<style>
.header{background-color:red;text-align:center;}
</style>
</body>
```

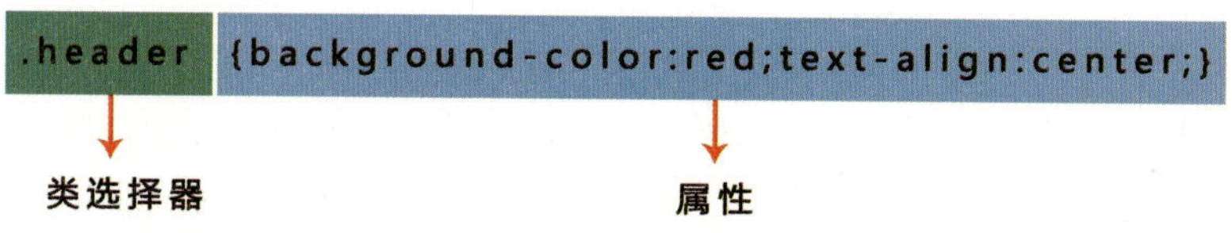

图5-58 类选择器

（2）id选择器。它的定义方式和类选择器相似，不同之处在于类选择器可以重复定义，而id选择器在一个网页中只能调用一次。具体应用如下：

首先在标签中加“id”，定义好标签的id名称，然后同样到<style></style>中调用id名称，调用方式是“#”加自定义名称（英文小写有意义），如图5-59所示。代码如下：

```
<body>
<p id="red">id选择器</p>
<style>
#red{color:red;}
</style>
</body>
```

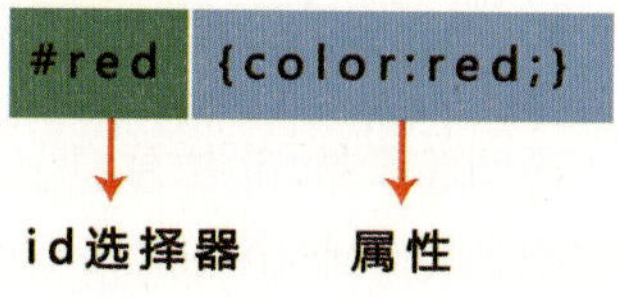

图5-59 id选择器

（3）伪类选择器。伪类选择器就是在原选择器的基础上添加一定的既定条件。例如，选择器“:link”所指的是选择器的当前状态；选择器“:visited”所指的是选择器访问过的状态；选择器“:hover”所指的是选择器光标经过的状态；选择器“:active”所指的是选择器被选中的状态。

注：通常把link和visited统称为默认状态。

```
a:hover{color:red}        /*光标经过选择器a时，字体为红色*/
a:active{color:blue}      /*单击选择器a时，字体为蓝色*/
```

还可以对选择器的位数进行筛选。例如，“div:nth-child(1)”表示第一个div；“div:nth-child(2)”表示第二个div；“div:nth-child(3)”表示第三个div；“div:nth-child(odd)”表示奇数个div；“div:nth-child(even)”表示偶数个div。

（二）选择器的应用

（1）使用标签选择器，标签相同，效果相同。

（2）使用自定义选择器，标签相同，效果不同。

（3）使用自定义选择器，标签不同，效果相同。

（三）样式表的优先级别

（1）样式表代码的读取顺序是从上到下，但是优先级别是下面高于上面。越往下的代码，优先级别越高。

（2）从添加样式表的方法来说，优先级别由高到低为：行内样式、内嵌样式、链接样式。

（3）从选择器的类型角度来看，优先级别由高到低为：ID样式、类样式、标签样式。

（4）从HTML语言的角度来说，子级的优先级别高于父级。

（四）网页代码的编写步骤

（1）写HTML语言。

（2）确定CSS样式添加方式：内嵌或链接。

（3）分析网页的效果，得到相应的CSS属性。

（4）确定添加CSS样式标签。

（5）使用什么样的选择器：标签选择器、自定义选择器或是伪类选择器。

三、网页中添加图片的方法

（一）使用HTML的标签插入图片

（1）使用HTML的<img>标签。

（2）<img>标签一次只能插入一张图片。

（3）选用<img>标签插入图片通常会占据一定的网页空间。

（4）选择<img>标签插入图片的方法多用在以下情况：重要的图片、logo、产品图、广告图等（见图5-60）。

```
<title>无标题文档</title>
</head>

<body>
    <img src="image/img (1).jpg" width="50%">
</body>
</html>
```

图5-60　通过<img>标签添加图片

（二）使用CSS样式插入背景图片

（1）使用CSS的background属性：background-image；路径位置。

（2）背景图片默认为平铺，可以使用几个属性重新设定：①background-repeat:no-repeat;（背景图片重复：不重复）；②background-position:center;（图片对齐方式：中心对齐）。

（3）背景图片不占用网页空间。

（4）背景图片多用在以下情况：装饰性图片、纹理、图案、图标、结合伪类的效果。

四、 CSS中不同标签的区别

（一）行内标签

行内标签在一般情况下只包含自身数据内容，无法添加宽、高。多个行内标签不能自动独立成行。如果想为行内标签添加宽、高，需要通过以下方式：

方法一：通过“display:block;”将行内标签转换为块级标签。

方法二：通过“float”属性使行内标签浮动。

方法三：通过添加绝对定位“position:absolute;”或固定定位“position:fixed;”。

常用的行内标签包括
<b><a><img><form><span>。

（二）块级标签

块级标签可以单独成行，且可以添加宽、高。在默认情况下，块级标签的宽是“auto”（自动），高度由标签里的内容撑起。

块级标签水平居中的方式（必须有固定宽度）为“margin:0 auto;”。

五、padding和margin的简写

（一）边框值简写写法

padding指的是内填充或者内边框，margin指的是外边框。内边框的写法（外边框与其写法一致）为：padding-top（内边框上）、padding-bottom（内边框下）、padding-left（内边框左）、padding-right（内边框右），如图5-61所示。示例代码如下：

```
div{padding-top:20px;padding-right:20px;padding-bottom:20px;padding-left:20px;}
/*内边框上、右、下、左均是20px*/
```

简写方法如下：

```
div{padding:20;} 一个值：四条边都一样
div{padding:20 20;} 两个值：上下、左右
div{padding:20 20 20;} 3个值：上、左右、下
div{padding:20 20 20 20;} 4个值：上、右、下、左
```

图5-61 padding和margin的具体位置

（二）margin的特点

（1）margin上下之间的距离取最大值。图5-62为“div01”和“div02”两个元素对象，其中，“div01”为蓝色部分，其margin大于“div02”的红色margin部分。当两个div进行上下距离计算时，取两者之间最大的margin值（蓝色margin部分）。

图5-62　margin上下取最大值

（2）margin左右的距离取其和。图5-63为“div01”和“div02”两个元素对象，其中，“div01”为蓝色部分，其margin大于“div02”的红色margin部分。当两个div进行左右距离计算时，取两者margin值之和。

（3）margin-top可以用于垂直移动标签（正值向下，负值向上），图5-64所示效果的代码如下：

```
div{margin-top:100px;}
```

（4）margin-left可以用于水平移动标签（正值向右，负值向左），图5-65所示效果的代码如下：

```
div{margin-left:100px;}
```

图5-63　margin左右取相加值

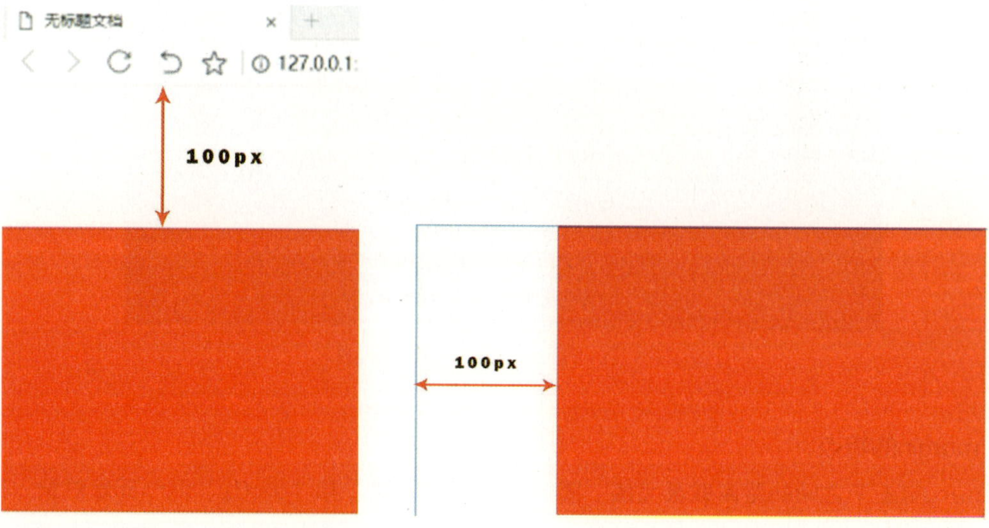

图5-64　margin可以用来移动内容

图5-65　margin水平移动内容

六、总宽度和总高度的计算

（1）总宽度=左外边距+左边框+左内边距+宽度+右内边距+右边框+右外边距。

（2）总高度=上外边距+上边框+上内边距+高度+下内边距+下边框+下外边距。

（3）宽度和高度的单位可以是绝对单位（px），也可以是相对单位（%），如图5-66所示。

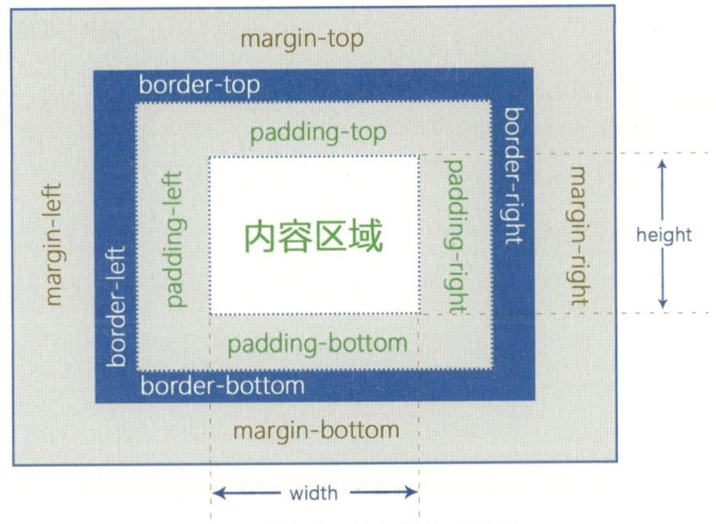

图5-66 总宽度和总高度的计算方法

七、浮动

浮动（float）用来制作多列（左、中、右）的效果。浮动的框可以向左或向右移动，直到它的外边缘碰到包含框或另一个浮动框的边框为止。由于浮动框不在文档普通流中，所以文档的普通流中的块框表现得就像浮动框不存在一样。

如图5-67所示，当“框1”向右浮动时，它脱离了文档流并且向右移动，直到它的右边缘碰到包含框的右边缘为止。

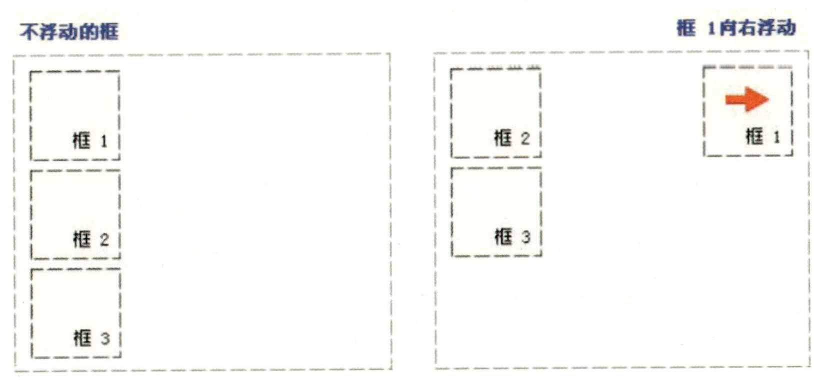

图5-67 浮动走向

如图5-68所示，当“框1”向左浮动时，它脱离了文档流并且向左移动，直到它的左边缘碰到包含框的左边缘为止。因为它不再处于文档流中，所以不占据空间，实际上覆盖住了“框2”，使“框2”从视图中消失。

如果把所有3个框都向左浮动，那么“框1”向左浮动直到碰到包含框为止，另外两个框向左浮动，直到碰到前一个浮动框为止。

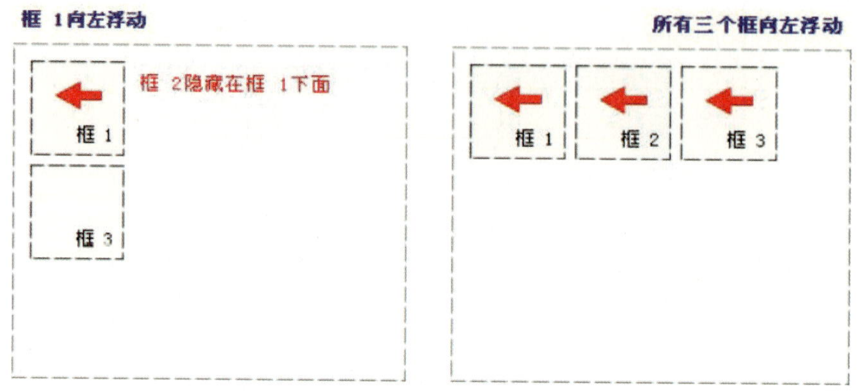

图5-68　浮动后的关系

如图5-69所示，如果包含框太窄，无法容纳水平排列的3个浮动元素，那么其他浮动块会向下移动，直到有足够的空间为止。如果浮动元素的高度不同，那么当它们向下移动时，可能被其他浮动元素“卡住”。

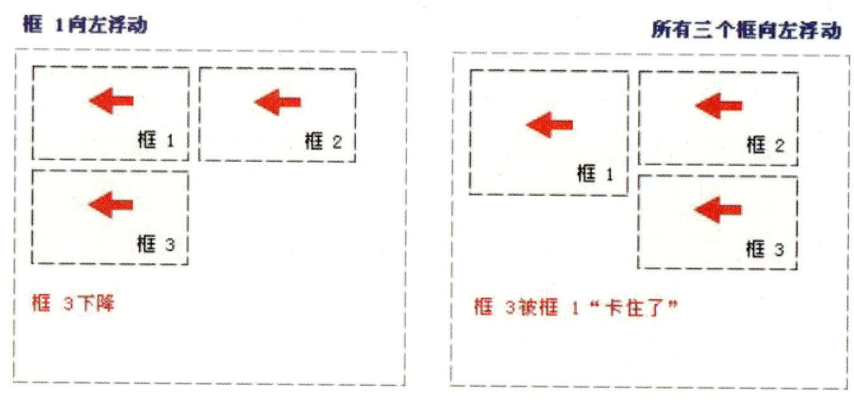

图5-69　浮动的条件影响

浮动的作用包括：

（1）把添加浮动的标签自己往左或者往右排列（限定在其父级标签的范围内）。

（2）浮动不影响上一个标签，只影响下一个标签。

（3）制作多列效果时，必须使所有的列全部浮动。

实例讲解

案例目的：建立3个div块元素，将它们通过浮动的方式水平排成一行。

方法：首先，建立3个div元素对象，分别命名为“box1”“box2”“box3”。代码如下：

【HTML部分】

```
<body>
<div class="box1">01</div>
<div class="box2">02</div>
<div class="box3">03</div>
</body>
```

其次，进行修饰。

box1装饰为：背景色红色，宽度250 px，高度150 px，边框为5 px暗红色实线。

box2装饰为：背景色绿色，宽度250 px，高度150 px，边框为5 px暗红色实线。

box3装饰为：背景色蓝色，宽度250 px，高度150 px，边框为5 px暗红色实线。

最后，将3个div全部添加左浮动“float:left”。代码如下：

【CSS部分】

```
<style>
.box1{background:red;width:250px;height:150px;border:5px solid #7C1718;float:left;}
.box2{background:green;width:250px;height:150px;border:5px solid #7C1718;float:left;}
.box3{background:blue;width:250px;height:150px;border:5px solid #7C1718;float:left;}
</style>
```

浮动结果如图5-70所示。

图5-70 浮动结果

八、定位

定位（position）是指根据坐标来确定标签的位置，一般分为绝对定位（position:absolute）、相对定位（position:relative）、固定定位（position:fixed）、嵌套定位（父子级定位）等。

（一）绝对定位

（1）它参考浏览器窗口的范围来定位。

（2）绝对定位后的标签浮动于网页内容之上。

（3）多个标签之间的顺序由Z轴来决定（z-index数值）。

（4）添加绝对定位的行内标签可以转换成块级标签（可以添加宽、高）。

实例讲解

设定3个div盒子的大小相同，均为300 px × 200 px。其背景色分别为：box1红色，box2绿色，box3蓝色。定位将三个盒子错开排列，目的是让大家可以清楚观察到3个盒子的位置；将它们部分叠压，是为了准确了解到Z轴顺序（z-index:3）所起到的作用，“z-index:”后边的值越大，图层越靠上，级别越高。图5-71所示效果的代码如下：

【HTML部分】

```
<body>
<div class="box1">01</div>
<div class="box2">02</div>
<div class="box3">03</div>
</body>
```

【CSS部分】

```
<style>
.box1{width:300px;height:200px;background:red;position:absolute;left:100px;top:100px;z-index:3;}
.box2{width:300px;height:200px;background:green;position:absolute;left:200px;top:200px;z-index:2;}
.box3{width:300px;height:200px;background:blue;position:absolute;left:300px;top:300px;z-index:1;}
</style>
```

图5-71 z-index影响上下图层关系

（二）相对定位

（1）它参考标签原来的位置定位。

（2）它不会脱离文档内容，可以继续浮动。

（3）多个标签之间的顺序由Z轴来决定（z-index数值）。

（4）添加相对定位不能把行内标签转换成块级标签（不能添加宽、高）。

实例讲解

设计两个div：box1和box2。代码如下：

```
<div class="box1">01</div>
<div class="box1">02</div>
```

两个div的大小一致，box1的背景色为红色，box2的背景色为蓝色（见图5-72）。代码如下：

```
.box1{width:100px;height:100px;background:red;;}
.box2{width:100px;height:100px;background:blue;}
```

首先将box1设定为绝对定位“position:absolute;top:108px;left:108px”，效果如图5-73所示。

图5-72 CSS初步装饰

图5-73 绝对定位结果

注意：①绝对定位后，“01”的位置发生改变，以窗口为参照系进行定位，并且移动后自己的位置会被“02”占据。②这里“02”的大小是100 px，body本身自带margin值8 px，所以“top:108px；left:108px”应向下和向左各移动108 px，这样才能对齐。

之后可以重新尝试使用相对定位“position:relative;top:100px;left:100px”，效果如图5-74所示。

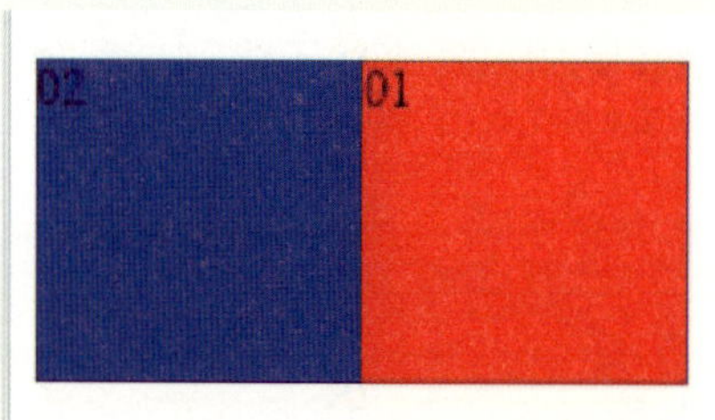

图5-74 相对定位结果

注意，设置相对定位后，“01”的位置不会被“02”占据；它是相对于自身的定位，所以移动100 px后就可以对齐了。

（三）固定定位

（1）它参考浏览器窗口的范围来定位。

（2）固定定位的标签始终出现在坐标位置。

（3）多个标签之间的顺序由Z轴来决定（z-index数值）。

（4）添加固定定位的行内标签可以转换成块级标签（可以添加宽、高）。

实例讲解

固定定位和绝对定位一样，都是参考窗口范围来定位的，并且可以将对象浮于窗口上方，不占用原来的位置，效果如图5-75所示。

图5-75 固定定位结果

当“01”应用固定定位“position:fixed;top:108px;left:108px”后，它自身的位置将被“02”取代。

（四）嵌套定位

添加嵌套定位的方法是给父级添加相对定位，给子级添加绝对定位。

实例讲解

建立一个名为“box”的div盒子，里边包含<img><input>对象。<input>的属性值是“type="button"”，意为插入按钮。将两个<input>对象分别命名为“a_left”“a_right”，目的是要使两个<input>对象定位于图像的左右两边，作为滚动标记。然后加入属性“value="<"”，意为在按钮中加入“<”标记（见图5-76）。代码如下：

```
【HTML部分】
<div class="box">
        <img src="images/banner.png">
        <input class="a_left" type="button" value="<">
        <input class="a_right" type="button" value=">">
</div>
```

图5-76 将左右按钮嵌套定位于图片大框范围内

注意，这里的结构关系是box中装有<img>及<input>对象，所以名为“box”的div盒子是父级，<img>及<input>标签是子级。如前所述，要先给父级加上相对定位“.box{position:relative;}”，然后给子级加上绝对定位“.a_left,.a_right{position:absolute;}”，这样两个按钮就可以参照父级范围定位了。代码如下：

【CSS部分】

```
.box{position:relative;}
.box > img{display:block;width:100%;}
.a_left,.a_right{position:absolute;top:50%;margin-top:-40px;width:50px;height:80px;}
.a_left{left:10px;}
.a_right{right:10px;}
```

如果是直接子级，可以使用大于号“>”进行标记，如“.box > img”。

由于<img>属于内联标签，因此只有将它转换成块级标签“display:block”才能撑开父级。

“width:100%”指的是将图片大小按照父级100%显示。

```
.a_left,.a_right{position:absolute;top:50%;margin-top:-40px;width:50px;height:80px;}
```

这里运用了居中方式：首先将两个按钮都定位在距顶端50%的位置“position: absolute; top:50%”；然后将按钮往回移动40 px，可以使用“margin-top:-40px”进行移动。因为按钮的高度是80 px，所以往回移动按钮一半的距离，即可将按钮对齐至垂直居中的位置（见图5-77）。

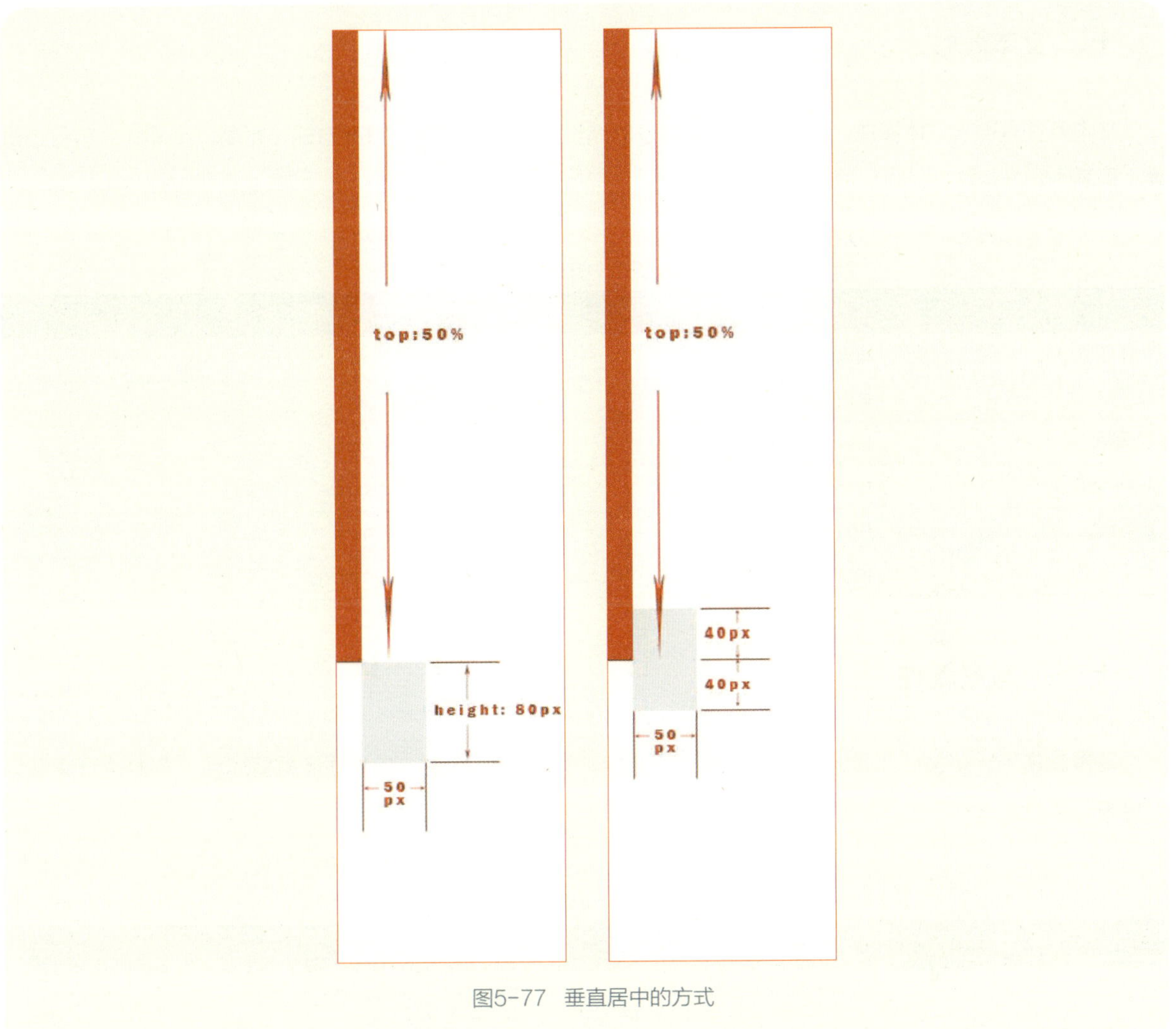

图5-77 垂直居中的方式

九、字体属性

字体属性用于定义文本的字体系列、大小、加粗、风格（如斜体）和变形（如小写大写字母），如表5 2所示。

表5-2 字体属性

属性名称	属性代码	语法示例
字体大小属性	font-size	h1{font-size:16px}
字体	font-family	h1{font-family: ″微软雅黑″}
字体样式	font-style	h1{font-style:normal | italic}
字体加粗	font-weight	h1{font-weight:normal | bold}

十、文本属性

文本属性有别于字体属性，多指大段文字信息的属性，如文本颜色、对齐方式、行高、字间距、首行缩进等（见表5-3）。

表5-3　文本属性

属性名称	属性代码	语法示例
字体颜色	color	div{color:red}
行高	line-height	div{line-height:20px}
字间距	letter-spacing	div{letter-spacing:3px}
对齐方式	text-align	div{text-align:center | left | right }
首行缩进	text-indent	div{tcxt-indent:24px }
文本修饰	text-decoration	div{text-decoration:none }

十一、背景属性

背景属性用于定义HTML元素背景，如背景颜色、背景图像属性、背景图像重复属性、背景位置属性等（见表5-4）。

表5-4　背景属性

属性名称	属性代码	语法示例
背景颜色	background-color	div{background-color:red}
背景图像属性	background-image	div{background-image:url(images/a.gif)}
背景图像重复属性	background-repeat	div{background-repeat:no-repeat}
背景位置属性	background-position	div{background-position:center center}
背景属性简写形式	background	div{background:url(images/body.gif)}

（一）背景颜色

“background-color”属性用于定义元素的背景颜色。

在CSS中，颜色值通常以如表5-5所示的方式定义。

表5-5　颜色值的定义方式

颜色方式	规范写法	语法示例
十六进制	#ff0000	div{background-color:#ff0000}
RGB	rgb(255,0,0)	div{background-color:rgb(255,0,0)}
颜色名称	red	div{background-color:red}

（二）背景图像

“background-image” 属性用于描述元素的背景图像。

在默认情况下，背景图像进行平铺重复显示，以覆盖整个元素实体。

“background-image:url(images/a.gif)”中以url指定图片的路径位置。

（三）背景图像重复属性

在默认情况下，“background-image”属性会在页面的水平或者垂直方向平铺。一些图像如果在水平方向或垂直方向平铺，看起来会很不协调，在这种情况下，可以设置重复方式（见表5-6）。

表5-6 背景图像重复方式

重复方式	语法示例
不重复	background-repeat:no-repeat;
只在*X*轴重复（即水平方向）	background-repeat:repeat-x;
只在*Y*轴重复（即垂直方向）	background-repeat:repeat-y;

（四）背景位置属性

利用“background-position”属性可以更随意地固定图片位置。例如，“background-position:center center”是指将图像在水平方向及垂直方向居中；“background-position:right top”是指将图片固定在右上方。

十二、列表属性

列表属性（list-style）分为无序列表<ul>和有序列表<ol>。在无序列表中，列表项用特殊图形（如小黑点、小方框等）标记；在有序列表中，列表项用数字或字母标记。

语法示例如下：

```
div{list-style:none}
```

实例讲解

首先介绍一些常规的实例，即依照列表默认的属性进行设置应用。图5-78所示效果的代码如下：

【HTML部分】

```
<p>无序列表实例:</p>
```

```
<ul class="a">
  <li>Coffee</li>
  <li>Tea</li>
  <li>Coca Cola</li>
</ul>
<ul class="b">
  <li>Coffee</li>
  <li>Tea</li>
  <li>Coca Cola</li>
</ul>
<p>有序列表实例:</p>
<ol class="c">
  <li>Coffee</li>
  <li>Tea</li>
  <li>Coca Cola</li>
</ol>
<ol class="d">
  <li>Coffee</li>
  <li>Tea</li>
  <li>Coca Cola</li>
</ol>
```

【CSS部分】

```
<style>
.a {list-style-type:circle;}               /*圆形*/
.b {list-style-type:square;}               /*方形*/
.c {list-style-type:upper-roman;}          /*大写罗马数字*/
.d {list-style-type:lower-alpha;}          /*小写英文字母*/
</style>
```

注意，<ul>和<li>会自带外边框、内填充以及前边的符号标记。

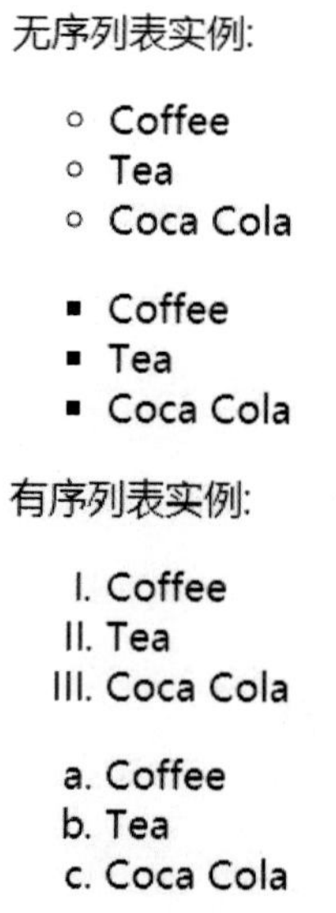

无序列表实例:

- ○ Coffee
- ○ Tea
- ○ Coca Cola

- ■ Coffee
- ■ Tea
- ■ Coca Cola

有序列表实例:

I. Coffee
II. Tea
III. Coca Cola

a. Coffee
b. Tea
c. Coca Cola

图5-78 列表样式

实例讲解

多数情况下，使用列表是为了建立一些功能模块，如导航。因此一般将列表默认属性删除（list-style:none;margin:0;padding:0）。之所以这么做，是为了避免HTML结构中大量地使用div而造成编写混乱，以及导致大量冗繁的代码命名。因此，利用不同标签特性进行编辑是十分必要的。

接下来完成一组导航功能模块的建立方式，效果如图5-79所示。

首页　公司简介　联系方式　产品展示　在线交易

图5-79　导航模块

先建立框架，利用<ul>建立导航盒子，利用<li>建立各分类内容区块（见图5-80）。代码如下：

【HTML部分】

```
<body style="margin:0;">
<ul class="navigation">
<li style="color:orange;">首页</li>
<li>公司简介</li>
<li>联系方式</li>
<li>产品展示</li>
<li>在线交易</li>
<div class="clearfix"></div>
</ul>
</body>
```

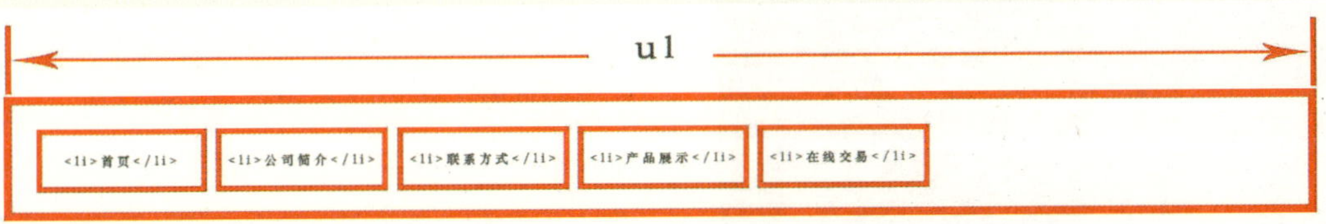

图5-80　用<ul><li>编辑导航

注意，<ul><li>属于块级标签，所以在后期CSS编辑时，要先将各个<li>向左浮动；浮动后，为了撑起父级，必须加入“<div class="clearfix"></div>”内容，否则父级的<ul>不会撑起（见图5-81），以致在后期的编辑中留下代码问题；要在CSS中编写“.clearfix{clear:both;float:none;}”，以起到支撑父级的作用。

【CSS部分】

```
<style>
ul{padding:0;background-color:#231C64;color:aliceblue;}
.navigation li{list-style:none;float: left;padding:0 30px;font-weight: bold;font-family:"微软雅黑";line-height:30px;}
.navigation li:hover{background:orange;color:#2949CF;}
.clearfix{clear:both;float:none;}
</style>
```

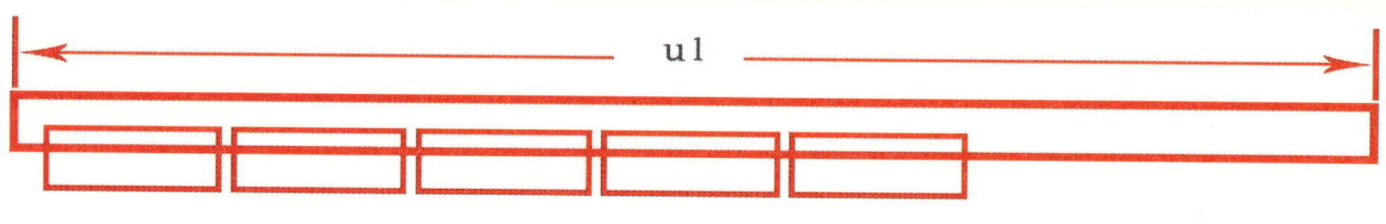

图5-81　注意父级的支撑

第四节　Web前端交互

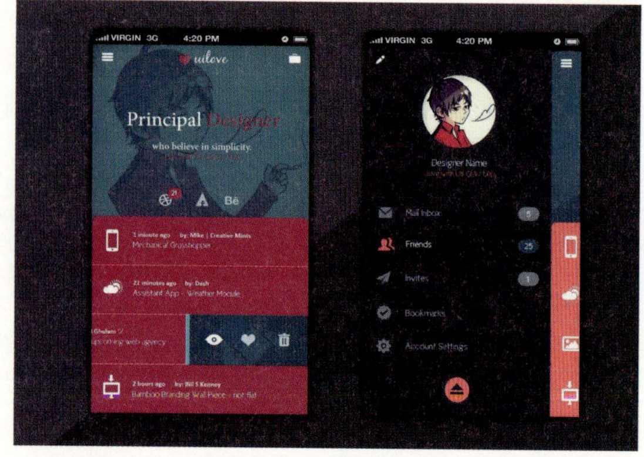

图5-82　前端交互

本节主要介绍Web前端交互的一些简单方式。例如，如何利用JavaScript、jQuery编写，以便大家快速理解、掌握交互思路及设计技巧，为今后想深入进行前端学习的人提供指引，为想踏入此行业而又没有任何编写经历的人加油、鼓劲；介绍一些常用技巧，帮助大家解决一些工作中常见的问题。学无止境，Web前端脚本设计学习需要漫长的积累，更重要的是经验及亲身体验，要熟悉市场、竞品、客户（见图5-82）。

一、 认识JavaScript

JavaScript诞生于1995年，由美国网景（Netscape）公司的布兰登·艾奇（Brendan Eich）发明。它最初只能在网景公司的浏览器上使用，但目前几乎所有的主流浏览器都支持JavaScript。它是编写在HTML文档中的一种基于对象和事件驱动，并具有安全性能的脚本语言。当用户在客户端的浏览器中打开网页时，浏览器就会执行JavaScript程序，用户可以通过各种交互式的操作变换网页内容，实现HTML语言所不能实现的一些功能。

以下代码就是将JavaScript嵌入HTML文档中的方法：

```
<!DOCTYPE html>
<html>
<head>
<script src="jQuery.js"></script>
<meta charset="utf-8">
<title>嵌入jQuery脚本</title>
</head>
</html>
```

二、 JavaScript 书写规范

（1）在书写过程中，每行代码结尾必须有分号“;”。

（2）变量命名：驼峰式命名。原生JavaScript变量要求使用纯英文字母，首字母须小写，如“fadeIn”。jQuery变量要求首字符为“_”，其他规则与原生JavaScript相同，如“_fadeIn”。另外，变量要集中声明，避免全局变量。

（3）类命名：首字母大写，驼峰式命名，如“SlideUp”。

（4）函数命名：首字母小写，驼峰式命名，如“slideUp()”。

（5）命名语义化，尽可能利用英文单词或其缩写。

（6）尽量避免使用存在兼容性及消耗资源的方法或属性。

（7）在后期优化过程中，JavaScript非注释类中文字符须转换成 Unicode 编码使用，以避免编码错误时显示乱码。

（8）代码应结构明了，可加适量注释，以提高函数重用率。

三、 JavaScript变量

JavaScript中的变量类似于数学代数，可用于存放数值（如x=0）和表达式（如n=n+1）。变量既可以

使用短名称（如x和y），也可以使用描述性的名称（如name、job、totalvolume）。示例代码如下：

```
var name="Gates",age=56,jop="CEO";
```

（一）JavaScript使用“var”来声明变量

其基本格式为：var 变量名称。示例代码如下：

```
var n=0
```

在对变量命名时，需注意以下几点：

（1）变量名由字母、数字、下划线和美元符号组成。

（2）变量必须以字母、下划线或美元符号开始。

（3）变量不能用JavaScript中保留的关键字。

（二）用等号给变量赋值，等号左边是变量，右边是数值

其语法为：变量=数值，如“n=0”。注：声明时赋值称为初始值。

示例代码如下：

```
$(document).ready(function(){
Var n=0
$("input").click()function(){
If(n<3)(n=n+1)
Else{n=0}
$(".yidong").animate({left:-400*n},1000)
)}
```

（三）常用变量值的类型

变量有很多种类型，如数字型、字符型、布尔型、对象型、Undefined型和 Null型。下面重点介绍常用的几种。

1. 数字型

数字型可以是整数或浮点数。整数可以是正数、0或负数。浮点数为可以加小数点的数，也可以包含一个“e”（大、小写均可，在科学计数法中表示10的幂）。

例如：var n=3;

var n=3.00（用小数点表示）;

var n=321e5（表示为32 100 000）;

var n=321e-5（表示为0.003 21）。

2. 字符型

字符型放在单引号或双引号之间（可以使用单引号来输入包含双引号的字符串），如“var carname='Volvo XC60'”。

3. 布尔型

布尔型的逻辑值只有两个：“true”真（对）；“false”假（错）。

（四）常用变量的运算方式

在定义完变量后，就可以对变量进行赋值和计算等操作了。这一过程通常运用表达式来完成，而表达式中的大部分在做运算符处理。运算符是用于完成操作的一系列符号，其中常见的运算包括数学运算、比较运算。

（1）数学运算的运算符号有：+、-、*、/。

（2）比较运算的比较符号有：>、<、==。

示例代码如下：

```
var huijia = $("input").eq(0).val()
if(huijia =="是"){$("h1").text("爸妈在家等你团圆")}
Else{$("h1").text("备战考研")}
```

四、 JavaScript条件语句

通常在写代码时，总是需要为不同的决定来执行不同的动作。我们可以在代码中使用条件语句来完成任务。在 JavaScript 中，我们可使用以下条件语句。

（一）if 语句

它是指只有当指定条件为“true”时，使用该语句来执行代码。其语法为：

```
if(布尔值)
{true时执行这里}
```

示例代码如下：

```
If(age>18)
{$("h1").text("可以购买")
}
```

（二）if...else 语句

它是指当条件为“true”时执行代码，当条件为“false”时执行其他代码。其语法为：

```
if(布尔值)
{true时执行这里}
else{false执行这里}
```

实例讲解

图5-83所示效果的代码如下：

【HTML部分】

```
<b>你是否真的喜欢设计这份职业?</b> <input type="text"><input type="button" value=
"提交">
<h1 style="border:solid 1px;width:50%">答案位置</h1>
```

【CSS部分】

```
<script>
        $("input").eq(1).click(function(){
                if($("input").eq(0).val()=="是"){$("h1").text("祝你事业有成")}
                else{$("h1").text("祝你心想事成")}
        })
</script>
```

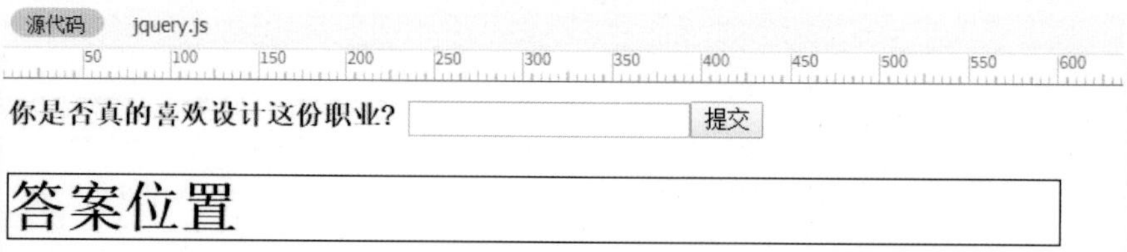

图5-83　条件语句的使用结果

（三）if...else if....else 语句

该语句用于选择多个代码块之一来执行。其语法为：

```
if (条件 1)
 {当条件 1 为 true 时执行的代码
 }
else if (条件 2)
 {当条件 2 为 true 时执行的代码
 }
else
 {当条件 1 和 条件 2 都不为 true 时执行的代码
 }
```

实例讲解

```
If(age>18)
{$("h1").text("全价")
}
else if (age==18)
{$("h1").text("半价")
}
else if (age<18)
{$("h1").text("免门票")
}
```

（四）switch 语句

该语句用于选择多个代码块之一来执行。其语法为：

```
switch(表达式){
case 条件1;
语句块1
case 条件2;
语句块2
...
```

```
default
语句块n
}
```

五、函数

函数是指由事件驱动的或者当它被调用时执行的可重复使用的代码块。其语法为:

```
function 函数名称(){
要执行的代码
}
```

注意，JavaScript对大、小写敏感。关键词“function”必须是小写，并且以与函数名称相同的大、小写来调用函数。

实例讲解

```
function myFunction(x,y)
{
return x*y;
}
document.getElementById("demo").innerHTML=myFunction(6,4);
```

其中，“demo”元素的innerHTML将是24。

六、Math数学对象

Math数学对象主要提供一些基本的数学函数（见表5-7）和常数。

表5-7 数学函数

函数名称	释 义
random()	随机数
round(数值)	最接近该数值的整数
min(数值)	最小值
max(数值)	最大值
floor(数值)	获取整数

Math.random()的随机数是介于0～1之间的小数，但不会等于1。如果想获得1以上的随机数，可以采用这样的办法：Math.random()*2、Math.random()*3等。

实例讲解

```
<body>
        <h1></h1>
<script>
        $("h1").text(Math.random())        /*所得随机数在h1中显示*/
</script>
</body>
```

随机得到的结果如图5-84所示。

0.9397802288428116

图5-84 随机数

```
<script>
        $("h1").text(Math.random()*4)
                        /*如果想得到4以下的随机数，需要random()*4*/
</script>
```

随机得到的结果如图5-85所示。

3.277746020855991

图5-85 4以下的随机数

如果想要获得随机整数，可以使用“Math.floor()”获取整数。

```
<script>
        $("h1").text(Math.floor(Math.random()*4))
                                        /*获取随机数中的整数部分*/
</script>
```

随机得到的结果如图5-86所示。

3

图5-86　随机数取整

七、日期对象Date

Date 对象用于处理日期和时间。它会自动使用当前的日期和时间作为初始值。

实例讲解

图5-87所示效果的代码如下：

```
<body>
        <h1></h1>
<script>
        function time(){
                var d=new Date();
                var h=d.getHours()
                var m=d.getMinutes()
                var s=d.getSeconds()
                $("h1").text(h+":"+m+":"+s)
        }
        setInterval(time,1000)
</script>
</body>
```

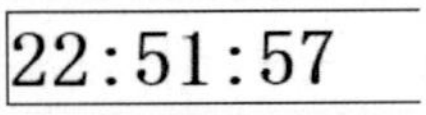

22:51:57

图5-87 定义日期、时间

八、定时器

（一）setInterval

setInterval（过程，时间）按照指定的周期（以毫秒计）来调用函数或计算表达式，会不停地调用函数，直到“clearInterval()”被调用或窗口被关闭。其语法为：

```
setInterval(function(){
},2000)
```

（二）停止定时

其语法为：

```
clearInterval(停止定时器名称)
```

（三）定时器命名

其语法为：

```
var 定时器名 =setInterval()
```

（四）setTimeout()

它在指定的毫秒数后调用函数或计算表达式。

实例讲解

```
<script>
        var x=0
setInterval(function(){
        if(x<5){
        x=x+1
        }else{x=0
        }
```

```
        $("h1").text(x)
    },1000)
    </script>
```

九、jQuery

jQuery的创始人是美国的约翰·雷西格（John Resig），他于2006年1月创建了jQuery项目。建立jQuery库的目的是使网站开发人员用较少的代码完成更多的功能。

jQuery实际上是由JavaScript编写的程序（小型函数库），方便设计师制作交互动效。它的高效性、高兼容性让其备受网页开发人员的青睐。而且jQuery是一个开源的项目，任何人都可以修改和扩充这个库，这使jQuery的发展迅猛，现在，它已经成为网页开发者必不可少的工具库之一。

它的使用是通过外部链接的方式来改变HTML或CSS的元素及属性功能的。使用时，需将“jquery.js”关联到HTML页面里<script src="jquery文件位置"></script>。然后单击“jquery.js”文档（见图5-88），如果打开看到大量代码，即可判断为关联成功（见图5-89）。

```
<head>
<script src="jquery.js"></script>          /*在这里链接 jquery 文件的路径位置*/
<meta charset="utf-8">
<title>jquery的链接方式</title>
</head>
```

图5-88 关联位置

```
index.html ×
源代码  jquery.js
/*!
 * jQuery JavaScript Library v1.4
 * http://jquery.com/
 *
 * Copyright 2010, John Resig
 * Dual licensed under the MIT or GPL Version 2 licenses.
 * http://docs.jquery.com/License
 *
 * Includes Sizzle.js
 * http://sizzlejs.com/
 * Copyright 2010, The Dojo Foundation
 * Released under the MIT, BSD, and GPL Licenses.
 *
 * Date: Wed Jan 13 15:23:05 2010 -0500
 */
(function(A,w){function oa(){if(!c.isReady){try{s.documentElement.doScroll("left")}catch(a)
{setTimeout(oa,1);return}c.ready()}}function La(a,b){b.src?
c.ajax({url:b.src,async:false,dataType:"script"}):c.globalEval(b.text||b.textContent||b.innerHTML||"");b.
```

图5-89 关联成功

jQuery具备以下功能：①HTML元素选取；②HTML元素操作；③CSS操作；④HTML事件函数；⑤JavaScript特效和动画；⑥HTMLDOM遍历和修改；⑦AJAX；⑧Utilities。

（一）jQuery语法

示例代码如下：

```
$("div").animate({width:300},3000);
```

其释义为div的动画效果是宽度变为300，用时3秒（3 000毫秒）。

jQuery语句中的符号如表5-8所示。

表5-8 jQuery语句中的符号

名 称	符号	意 义
美元符号	$	document文档
小括号	()	包含对象名称（命令方法名称后面一定要加小括号）
双引号	" "	选择器：标签选择器、类、id
点	.	调用执行方法
逗号	,	分割参数（参考的属性或数值）
大括号	{ }	包含语句片段
分号	;	分割语句

注：所有符号均为英文符号。

（二）jQuery对HTML的相关操作

jQuery 可对 HTML 元素和属性进行操作，如删除或增加 HTML 标签，更改标签内的属性值等。

1. 删除HTML元素

jQuery 可以对HTML标签里的内容进行删除。例如，使用“remove()”删除被选元素；使用“empty()”删除子元素。

实例讲解

（1）建立布局，设立4个标签元素：<h1><h2>
<button>。其中，<h1><h2><button>均为块级标签（即标签自己单独成行）。4个标签内容各占一行（
为换行，单标签），将它们编写在<body></body>双标签内。效果如图5-90所示。代码如下：

```
<body>
<h1>大标题</h1>              /*<h1>标签内容为：大标题*/
```

```
<h2>副标题</h2>                 /*<h2>标签内容为：副标题*/
<br>                            /*换行标签*/
<button>移除元素</button>        /*按钮：名为“移除元素”*/
```

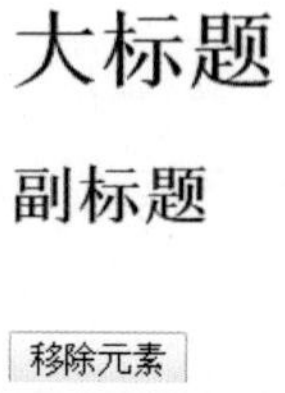

大标题

副标题

移除元素

图5-90 标签效果

（2）进行交互设计。设置按钮单击事件：当单击按钮时，移除<h2>标签里的内容（有事件时一定要加“function”）。编写时把jQuery标签内容放在<script></script>双标签内，切记在使用jQuery前一定要先将jQuery脚本导入。导入方法参考之前章节。

```
<script>
 $("button").click(function(){       /*单击按钮事件*/
   $("h2").remove();                 /*当单击按钮时，<h2>标签被删除*/
 });
</script>
</body>
```

单击之后的示例效果如图5-91所示。

大标题

移除元素

图5-91 副标题消失

2. 添加HTML元素及属性

jQuery可以对HTML标签里的内容进行添加（设置），其中，使用“text()”在标签内添加文本，使用“html()”在标签内添加标签，使用“attr(属性名称，新值)”设置标签属性值。

实例讲解

图5-92所示效果的代码如下：

```
<body>
<h1></h1>                              /*<h1>标签内无内容*/
<script>
 $("h1").text(Math.random());          /*为<h1>标签内显示随机数*/
</script>
</body>
```

0.6647509702480823

图5-92 添加随机数

随机数由计算机随机产生，但每次产生的都是1以下的数值。

3. 获取HTML元素

jQuery可以对HTML元素的内容进行获取，其中，使用“text()”获取文本内容，使用“html()”获取元素内容，使用“attr()”获取属性值，使用“val()”获取表单字段值。

这里让小括号空着，就是表示获取。

实例讲解

首先建立布局，将HTML元素对象编写在<body></body>双标签内，之后在下边写入<script></script>双标签，将交互脚本写在<script></script>双标签内。代码如下：

```
<body>
<h1></h1>                          /*<h1>标签内容*/
<h2></h2>                          /*<h2>标签内容*/
<br>                               /*换行*/
<button>获取数值</button>          /*按钮：名为“获取数值”*/

<script>
$("h2").text(Math.random())        /*在<h2>内显示随机数*/
```

```
$("button").click(function(){          /*单击按钮事件*/
$("h1").text($("h2").text());          /*在<h1>获得<h2>标签内的内容*/
 });
</script>
</body>
```

单击之后的效果如图5-93所示。

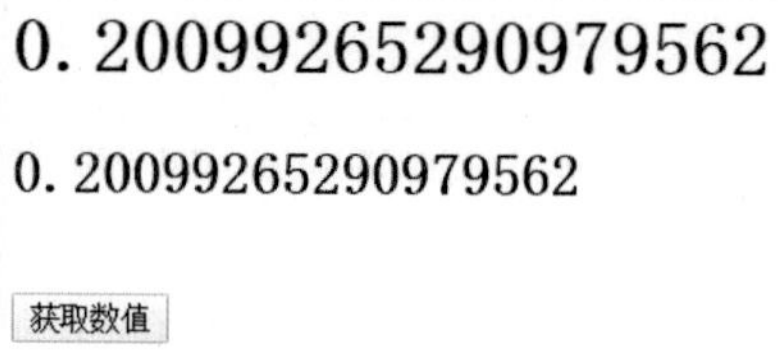

0. 200992652909795620

0. 200992652909795620

获取数值

图5-93 获取随机数

4. 修改HTML 元素

jQuery可以对HTML标签的顺序进行调整，其中，使用“after()”表示在某标签的外部之后；使用“before()”表示在某标签的外部之前。

实例1的代码如下：

```
$("h1").after($("div"))
```

其释义为：在<h1>标签的后显示<div>标签。

实例讲解

```
<div>div是前面</div>                   /*<div>标签的内容*/
<h1>h1是后面</h1>                      /*<h1>标签的内容*/
<br>                                   /*换行*/
<button>颠倒</button>                  /*颠倒按钮*/
<script>
  $("button").click(function(){        /*单击按钮事件*/
  $("h1").after($("div"))              /*在<h1>的后边是<div>标签*/
 });
</script>
```

单击之后的效果如图5-94所示（<div>标签在单击后跑到了<h1>标签后面）。

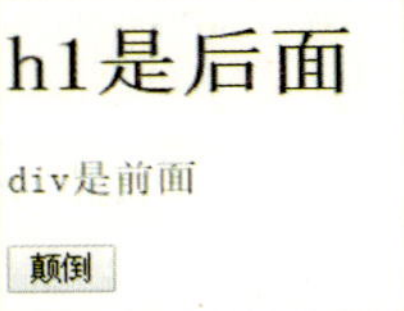

h1是后面

div是前面

颠倒

图5-94 单击后的交互变化

实例2的代码如下：

```
$("div").before("文字内容")
```

其释义为：在<div>标签前添加文字内容。

实例讲解

```
  <div style="width:100px;height:100px;border:solid red"></div>
/*<div>标签宽度100 px，高度100 px，边框为实线、红色*/
<br>                                    /*换行*/
<button>修改元素</button>               /*修改元素按钮*/

<script>
 $("button").click(function(){          /*按钮单击事件*/
   $("div").before("文字内容")          /*在<div>标签前添加文字内容*/
 });
</script>
```

单击之后的效果如图5-95所示（在<div>标签之前会出现文字内容）。

文字内容

修改元素

图5-95 单击后的交互效果

实例3的代码如下：

```
$("div").after("<h1 style='color:red'>文字内容</h1>")
```

其释义为：在<div>标签后显示<h1>标签内的文字内容。其中，“style='color:red'”表示字体颜色为红色。

实例讲解

```
<h1></h1>                              /*<h1>标签*/
<div style="width:100px;height:100px;border:solid red"></div>
 /*<div>标签宽度100 px，高度100 px，边框为实线、红色*/
<br>                                   /*换行*/
<button>变换元素</button>              /*变换元素按钮*/

<script>
 $("button").click(function(){         /*按钮单击事件*/
   $("div").after("<h1 style='color:red'>大标题</h1>")
 });                                   /*在<div>标签后显示<h1>标签内的文字内容*/
</script>
```

单击之后的效果如图5-96所示（在<div>标签之后出现<h1>标签的内容，且字体颜色变为红色）。

图5-96　交互效果

（三）CSS相关操作

jQuery可以改变CSS中的相关属性及参数设置等。

1. 为 CSS设置新值

示例代码如下：

```
$("h1").CSS("background-color","blue");
```

其释义为：将<h1>标签内的背景色变为蓝色。

实例讲解

（1）首先进行内容布局。这里需要3个元素：<h1>标题标签、
换行标签、<button>按钮标签。代码如下：

```
<h1>大标题</h1>
<br>
<button>变化按钮</button>
```

（2）设置样式表。将<h1>标签的背景色设置为红色，宽度设置为200 px，文字居中对齐，字体颜色设置为白色，效果如图5-97所示。代码如下：

```
<style>
h1{background:red;width:200px;text-align:center;color:white;}
</style>
```

（3）添加交互动效。单击按钮时，<h1>标签的内容样式变为背景色蓝色。代码如下：

```
<script>
 $("button").click(function(){
  $("h1").CSS("background-color","blue");
 });
</script>
```

单击变化按钮后的效果如图5-98所示。

大标题

变化按钮

图5-97 交互内容

大标题

变化按钮

图5-98 单击变化按钮后的交互结果

2. 获取CSS样式属性

其具体写法为：CSS("属性")。代码的小括号里没有新值就是表示获取。

实例讲解

（1）在布局中建立两个模块：一个<div>标签，一个<h1>标签。标签内无内容。代码如下：

```
<div></div>
<h1></h1>
```

（2）将div装饰为：背景色（background-color）红色，宽度（width）100 px，高度（height）40 px。代码如下：

```
<style>
div{background-color:red; width:100px;height:40px;}
</style>
```

（3）书写交互脚本“$("h1").text()”，其释义为：在<h1>标签内获取文字信息。

“$("div").CSS("background-color")”的释义为：获得<div>标签内的背景颜色属性。

将这段代码代入“$("h1").text()”中，即得到最终结果：$("h1").text($("div").CSS("background-color"))。

其释义为：在h1中显示div背景色的属性内容。如图5-99所示，<h1>标签中显示的“rgb(255,0,0)”即div的颜色属性值。代码如下：

```
<script>
    $("h1").text($("div").CSS("background-color"));
</script>
```

图5-99 标签中显示的交互结果

3. 设置或获取角色宽度

其具体写法为“$("div").width()”，释义为：获得div的宽度值。

实例讲解

（1）将div装饰为：背景色红色，宽度100 px，高度40 px。代码如下：

```
<style>
div{background-color:red; width:100px;height:40px;}
</style>
```

（2）在布局中建立<div>和<h1>两个模块，交互结果是要在<h1>中获取<div>的宽度值。代码如下：

```
<body>
<div></div>
<h1></h1>
<script>
    $("h1").text($("div").width());
</script>
</body>
```

交互效果如图5-100所示。

100

图5-100 获取宽度的交互结果

4. 设置或获取角色高度

其具体写法为“$("div").height()”，释义为：获得<div>的高度值。

实例讲解

```
<script>
   $("h1").text($("div").height());
</script>
```

原理同上：获取div的高度值，显示在h1当中。

5. 类的操作

通过jQuery 可以随意添加类的内容、删除类和切换类，具体使用方法包括：① addclass() 添加类；② removeclass() 删除类；③ toggleclass() 切换类。

注意，“()”里的类名前不加点。

实例讲解

这一例，我们将jQuery脚本以及CSS样式写在<head>题头中。如果后期在综合实例中代码过多，通常会选用嵌入和链接的方式，这样既有助于后期更改，也不易造成读取问题。

将脚本嵌入题头时，要先写“$(document).ready(function(){})”，然后将脚本内容写入大括号中，因为计算机的读取顺序是由上到下的。

```
<!DOCTYPE html>                          /*声明*/
<html>                                   /*文档标签，注意是双标签*/
<head>                                   /*题头标签，注意是双标签*/
<script src="jQuery.js"></script>        /*jQuery脚本置入*/
<script>
$(document).ready(function(){            /*固定写法*/
 $("button").click(function(){
  $("h1").addClass("blue");              /*添加名为“blue”的类*/
  });
});                                      /*注意这里的两处括号不要丢失*/
</script>                                /*script标签内为所有jQuery脚本内容*/

<style>                                  /*style标签内为所有CSS样式表内容*/
```

```
.blue{color:blue;}
 /*名为“blue”类的标签，字体颜色为蓝色，注意CSS类名前一定要加点*/
</style>
</head>
```

注意，HTML布局内容都要写在<body></body>双标签内。

```
<body>
<h1>标题 1</h1>
<br>
<button>向元素添加类</button>
</body>
</html>
```

交互之后的效果如图5-101所示，<h1>的内容被赋予了“blue”的类属性，因此“标题1”文字变为蓝色。

标题 1

向元素添加类

图5-101 赋予类属性的交互结果

（四）效果相关方法

利用jQuery可以完成很多效果设定，如隐藏/显示、切换、淡入/淡出、上滑/下滑、动画等，类似于PPT的动态演示。当然，结合JavaScript还可以制作更多复杂的特效，这就需要今后的深入学习及工作经验的积累，并不作为本书的重点。

网页设计与其他视觉设计的不同之处在于，它始终会有条件的限制及对用户体验的要求，因此设计不是越烦琐越好，而是应合理、有效。这往往是一些初学者容易忽略的地方。

1. 隐藏/显示

利用jQuery可以对元素及属性进行隐藏或显示，具体使用方法为：① hide() 隐藏；② show() 显示；③ toggle() 切换。

实例讲解

（1）建立布局。设置4个标签元素，将其中两个div分别命名为“box01”和“box02”。这里运用的是class类的命名方式，4个标签分别占据一行位置。代码如下：

```
<div class="box01"></div>
<div class="box02"></div>
<br>
<button>隐藏按钮</button>
```

（2）编写样式内容。首先共同设置两个div的属性，宽为100 px，高为40 px；再分别设置两个div属性，这时需要利用类的方式进行单独设置，其中，“box01”的div背景色为红色，“box02”的div背景色为黄色。注意，在利用样式表进行装饰时，类前一定要有点，即“.box01”和“.box02”。代码如下：

```
div{width:100px;height:40px;}
.box01{background: red;}
.box02{background: yellow;}
```

（3）编辑交互脚本。交互代码中“$(".box02")”类名前要加点。“hide(1000)”表示1秒后隐藏，括号里的单位为毫秒。代码如下：

```
$("button").click(function(){
$(".box02").hide(1000)
    })
```

单击隐藏按钮后显示的效果如图5-102所示。

图5-102 单击隐藏按钮后的效果

2. 淡入/淡出

利用jQuery可以对元素进行淡入或淡出，具体使用方法为：①fadeIn() 淡入；②fadeOut() 淡出；③fadeToggle() 在fadeIn和fadeOut之间切换。

实例讲解

承接上例，利用相同的布局标签及CSS属性，仅把交互效果改成“$(".box02").fadeOut(1000)”，释义为单击按钮时“box02”的div盒子淡出，时间为1秒，其他效果方式相同。代码如下：

```
<script>
   $("button").click(function(){
                 $(".box02").fadeOut(1000)
         })
</script>
```

3. 上滑/下滑

利用jQuery可以对元素进行上滑或下滑，具体使用方法为：①slideUp() 上滑；②slideDown() 下滑；③slideToggle() 切换。

效果与上例相同，这里不做赘述。

4. 动画

除了以上介绍的各种切换动画效果（元素局部属性发生变化，如高度、宽度、可见性等），jQuery还可以通过“animate()”自定义更多复杂、高级的动画方式。语法如下：

```
animate({属性},时间,回调函数)
```

示例代码如下：

```
$("div").animate({left:100},1000,function(){
})
```

其释义为：div元素向右移动100 px，用时1秒。回调函数是指动画100%播放之后执行的过程。

实例讲解

设计一个大正方形轨迹，让一个小正方形元素沿着这个大正方形轨迹进行移动，如图5-103所示。

图5-103　交互框架

（1）编写布局内容，建立画面元素。可以利用div建立一个大正方形轨迹盒子，再用一个div建立一个小正方形内容，将小正方形div套在大div盒子中，具体代码如下：

```
<div class="guiji">                         /*大正方形轨迹*/
        <div class="neirong"></div>         /*小正方形内容*/
</div>
```

（2）设计元素样式（style）。将建立好的两个div盒子进行装饰。设置大盒子div的轨迹宽为800 px，高为800 px，边框为实线，粗细为1 px；内容盒子div宽、高均为100 px，背景色为红色（background:red）。为了让小方块沿着大方块的轨迹移动，要将大盒子设置为相对定位（position:relative），小盒子设置为绝对定位（position:absolute），且小盒子的定位为顶端（top）0 px，左边（left）0 px的位置，具体代码如下：

```
<style>
.guiji{width:800px;height:800px;border:solid 1px;position:relative;}
.neirong{width:100px;height:100px;background:red;position:absolute;left:0;
top:0;}
</style>
```

（3）完成交互动效。首先设置鼠标事件“$(".guiji").mouseenter(function(){}”，当光标经过时会产生动效。然后设置内容盒子动效，过程分为四步：

第一步，将内容盒子移动到坐标“left:700,top:0”的位置，由于原来起始坐标是“left:0,top:0”，因此相当于将内容向右移动700 px。

第二步，继续移动，在“left:700,top:0”的位置向“left:700,top:700”的位置移动，即继续向下移动700 px。

第三步，在“left:700,top:700”的位置向“left:0,top:700”的位置移动，即继续向左移动700 px。

第四步，在“left:0,top:700”的位置向“left:0,top:0”的位置移动，即继续向上移动700 px，回到原点。

完成整个动效过程的具体代码如下：

```
$(".guiji").mouseenter(function(){
            $(".neirong")
            .animate({left:700,top:0},1000)
            .animate({left:700,top:700},1000)
            .animate({left:0,top:700},1000)
            .animate({left:0,top:0},1000)
     })
```

（五）遍历相关方法

jQuery 遍历函数是用于筛选、查找和串联元素的一种方法。

1. 按伪类选择器进行筛选

这是指在原选择器的基础上赋予一个特殊的定义，来改变选择器状态或进行筛选的方式（见表5-9）。

表5-9 伪类选择器

伪类选择器	意 义
$(“img:first”)	表示第一张图片
$(“img:last”)	表示最后一张图片
$(“img:eq()”)	表示第几张图片，从0开始数，0代表第一个，以此类推
$(“img:even”)	表示含偶数张数的图片
$(“img:odd”)	表示含奇数张数的图片

示例代码如下：

```
$("img:eq(2)").before("img:eq(0)")
```

其释义为：将第一张图片放置到第三张图片之前。

2. 基本过滤方法

基本过滤的方法有3种：①first()第一个；②last()最后一个；③eq()第几个。它和伪类选择器筛选方式有些相似，但基本写法不同。示例代码如下：

```
$("img").first.before($("img").last())
```

其释义为：将最后一张图片放到第一张图片之前。

这里是将特定条件“.first”写在“$("img")”外面。

3. 选择正在操作的对象

我们也可以对正在操作的元素进行查找，如“$(this)”。注意，this不能加引号。

实例讲解

设计4个不同颜色的方块，如红色、蓝色、橘色、黄色；在4个色块下再建立一个大色块，要求当光标经过每一个小色块时，下方大色块的颜色就会与上方的小色块同步，类似于滚屏效果，如图5-104所示。

图5-104　色块交互效果

（1）建立模块布局。上方的4个小方形可以选择使用<ul><li>标签搭建，为了避免过多地使用<div>而造成编辑上的冗繁，下方的大正方形可以利用<div>标签来完成，并将其命名为“box”。代码如下：

```
<ul>
        <li></li>
        <li></li>
        <li></li>
        <li></li>
</ul>
<div class="box"></div>
```

（2）设定各标签属性。先统一去除<ul><li>默认的样式（包括外边距、内边距及小黑点），代码如下：

```
ul,li{margin:0;padding:0;list-style:none;}
```

由于<li>属于块级元素，所以需要进行浮动（float:left），将其变化成一行。之后分别定义各标签属性，如宽、高、背景色、光标变化（cursor:pointer）等。具体代码如下：

```
<style>
ul,li{margin:0;padding:0;list-style:none;}
li{float:left;width:100px;height:100px;cursor:pointer;}
li:nth-child(1){background:red;}
li:nth-child(2){background:blue;}
li:nth-child(3){background:orange;}
li:nth-child(4){background:yellow;}
.box{width:400px;height:400px;background:red;}
</style>
```

注意，此处“nth-child(1)”所指的是第几个，是一种伪类方式，是CSS3的一种写法。“cursor:pointer”是指将光标变为手指形。“background:red”是一种简写方式，表示背景色为红色，全称为“background-color:red”。

（3）产生动态交互。设定鼠标事件“$("li").mouseenter(function(){}”，即当鼠标经过<li>时，“.box”类标签的CSS属性发生变化，和上边所经过的<li>标签内容的背景色相同。“$(this).CSS("background-color")”，这里“$(this)”即当前操作对象，“CSS("background-color")”为获取背景色。具体代码如下：

```
$(document).ready(function(){
        $("li").mouseenter(function(){
                $(".box").CSS("background-color",$(this).CSS("background-color"))
        })
})
```

4. 利用标签关系查找对象

标签之间本身存在父子级、兄弟级的关系，可以利用这种关系直接筛选元素对象。例如，可以通过“parent()”查找直接父级，通过“children()”查找直接子级，兄弟级之间利用“prev()”查找上一个，利用“next()”查找下一个。

其语法为“$("div").parent()”，释义为div的父级。

5. 查找对象位置数

jQuery可以帮助我们查找当前操作项在整个结构或者对象位置中是第几位，利用“index()” 进行索引。其语法为“$(this).index：”，释义为当前操作的是第几个。

实例讲解

当前有3个<div>标签，操作其中任意一个时，如何知道它是其中的第几个，且把它的位置在其他标签中显示出来？代码如下：

```
<div>01</div>
<div>02</div>
<div>03</div>
```

首先将3个盒子做统一设置，让它们的大小都是100 px × 100 px，边框粗细都是1 px，实线。代码如下：

```
div{width:100px;height:100px;cursor:pointer;border:solid 1px;}
```

然后进行动效操作，设置单击事件“$("div").click(function(){})”，当单击div时，此div的位数显示在文档页头位置（document.title），如图5-105、图5-106所示。代码如下：

```
$("div").click(function(){
        document.title = $(this).index()
        })
```

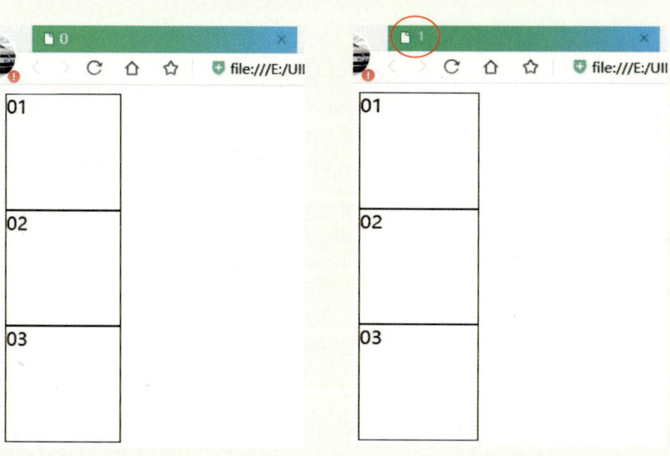

图5-105　单击div的交互结果①　　图5-106　单击div的交互结果②

注意，当单击第一个div时，页头显示“0”；当单击第二个时，页头显示“1”。因为计算机是从0开始计算数值的。

（六）事件相关操作

脚本设计重在考虑客户的使用习惯。交互的应用效果应合理地满足客户的各种操作需求，保证使用的准确性、便捷性、合理性。事件指的就是设置相关操作方式的脚本代码。它对于程序编写是十分重要的环节。

以往，JavaScript编写事件脚本时需要大量的代码，且要满足各种浏览器之间的兼容问题，使程序员的编写工作变得十分烦琐。jQuery是程序员对JavaScript的封装，使开发人员不必过多地考虑兼容问题，就可以轻松地编写出功能强大的代码。

1. 语法

事件脚本语法如下：

```
$(谁).click(function(){
  语句片段
})
```

注意，有事件方法就一定要加“function(){}”。

2. 鼠标事件

鼠标单击为“click( )”；鼠标进入为“mouseenter( )”；鼠标离开为“mouseleave( )”。

实例讲解

构建3个小色块（红、黄、蓝），将它们套在一个大盒子div中，接下来做一些简单修饰。代码如下：

```
<div class="box">              /*外边的大盒子div始标签*/
<div class="red"></div>        /*红色div*/
<div class="yellow"></div>     /*黄色div*/
<div class="blue"></div>       /*蓝色div*/
</div>                         /*外边的大盒子div尾标签*/
```

设置外边的大框的高为500 px，宽为300 px，边框为实线，粗细为1 px；采用相对定位，为了让3个小框可以参考定位。代码如下：

```
.box{position:relative;height:500px;width: 300px;border:solid 1px;}
```

分别设置3个小框的属性：大小全是宽100 px、高100 px；采用绝对定位，位置都定位于离底边0 px的位置（bottom:0）；颜色依照名称分别为红（red）、黄（yellow）、蓝（blue）。红色色块定位于离左边0 px的位置，黄色色块定位于离左边100 px的位置，蓝色色块定位于离左边200 px的位置。效果如图5-107所示。代码如下：

```
.red,.yellow,.blue{width:100px;height:100px;position:absolute;}
.red{background:red;left:0;bottom:0;}
.yellow{background:yellow;left:100px;bottom:0;}
.blue{background:blue;left:200px;bottom:0;}
```

接下来利用鼠标事件设计动态效果。当光标经过红、黄、蓝3个小色块时，它们分别弹起，离开后回到原位。效果如图5-108所示。代码如下：

```
$(".red").mouseenter(function(){
                $(".red").animate({bottom:400},1500)
        })
$(".yellow").mouseenter(function(){
                $(".yellow").animate({bottom:400},1500)
        })
$(".blue").mouseenter(function(){
                $(".blue").animate({bottom:400},1500)
        })
```

图5-107　3个色块交互内容

图5-108　3个色块交互结果

第六章　综合案例

第一节　产品展示模块

在网页中，产品展示及新闻部分都是占据主要篇幅的。它们通常以图文混排的形式出现。本节主要介绍此类布局的常用方法。

一、 案例分析

图6-1是即将讲解的案例的最终效果图。

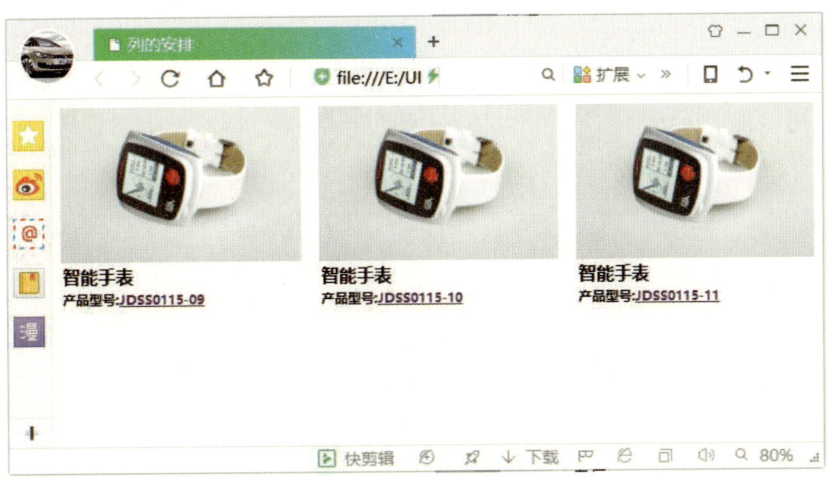

图6-1　最终效果图

要想构建一个相对复杂的图文结构，首先要分析其结构关系。图6-2所示的图文结构是由一个红色大框、3个蓝色小框构成的。然后可以考虑使用什么样的标签组合。代码如下：

```
<div>
<img>
<h1></h1>
<h2></h2>
</div>
```

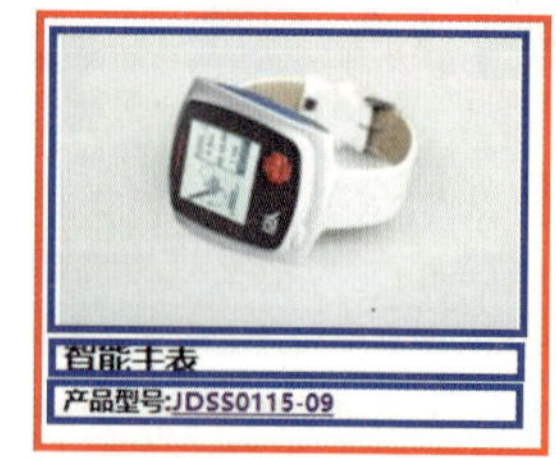

图6-2 结构关系①

之后发现它是由3组同样的结构模块嵌套在一个大框内的（见图6-3）。

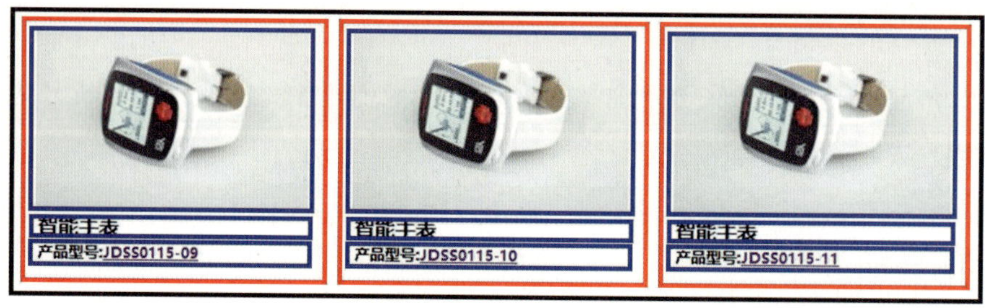

图6-3 结构关系②

二、建立框架

我们可以利用3组div盒子建立3组产品内容，再将这3组嵌套在一个大的div盒子中，即可完成框架搭建。具体代码如下：

```
【HTML部分】
<div class="col">

/*组一*/
<div>
<img src="images/4298768770741737.jpg">
<h1>智能手表</h1>
<h2>产品型号:<a href="">JDSS0115-09</a></h2>
</div>
```

这里由于产品型号部分是需要链接的，因此将它嵌套在<a>标签“<a href="">JDSS0115-09</a>”中，之后再嵌套在<h2>标签里。

```
/*组二*/
<div>
<img src="images/4298768770741737.jpg">
<h1>智能手表</h1>
<h2>产品型号:<a href="">JDSS0115-10</a></h2>
</div>

/*组三*/
<div>
<img src="images/4298768770741737.jpg">
<h1>智能手表</h1>
<h2>产品型号:<a href="">JDSS0115-11</a></h2>
</div>

        <div class="clearfix"></div>

</div>
```

注意，不要忘记用“<div class="clearfix"></div>”撑开父级。

三、 进行修饰

<img>属于内联块，所以只有将它转换成块级标签，才可以给它加上宽、高。为了让每一个图像都完全显示在每组div中，我们设定宽度为100%。

设置伪类，使光标经过<a>标签时，字体颜色变为红色。代码如下:

```
【CSS部分】
.col div{float:left;width:33.33333333%;padding:10px 10px;box-sizing: border-box;}
img{width:100%;display:block;}
h1{margin:1%;font-size:20px;}
h2{font-size:14px;margin:1%;}
a:hover{color:red;}
```

注意，由于这里只有3组结构模块，所以每组宽度设置为100%/3。当然，也可以这样编写：calc(100%/3)。

“box-sizing: border-box”指的是指定元素包含边框（border）和内填充（padding）。这里由于有内填充值，所以如果不加“box-sizing:border-box”会导致跳行。

第二节　轮播广告模块

横幅广告是网页广告中最重要的一种模块形式。它通常以横条样式位于整个网页的顶端，因其功能价值的重要性而成为很多商家做广告宣传的必争之地。正因如此，横幅广告常以动态滚动的形式出现，来满足更多商家的推广需求及网站效益。

本案例涉及的知识点包括HTML布局、CSS修饰、JavaScript及jQuery轮播动效。

一、布局搭建

先建立div大框（或称为窗口）。图6-4所示为效果预想图，其中，红色框架部分是图像显示区域。要让3张图后期可以循环在红框内显示，那么就要把红框以外的区域隐藏，即可达到通常网页横幅广告的显示效果。

图6-4　效果预想图

代码如下：

```
【HTML部分】
<div class="chuangkou">
<div class="yidong">
        <img src="img/img (1).jpg">
        <img src="img/img (2).jpg">
        <img src="img/img (3).jpg">
</div>
</div>
```

建立的3张图片是以竖排的方式罗列的（见图6-5）。因为<img>属于内联块，所以需要通过浮动

（float:left;）来把它变为一行。浮动后父级的宽度应是能足够装下3张图片的宽度，否则图片没有地方容纳，还是会形成竖排的一列。

此处设定窗口大小为1 800 px，是以当下主流显示器分辨率1 920 px×1 080 px来设定的。移动框因为包含3张图片，所以要有足够的空间，设定为1 800 px×3=5 400 px，确保浮动后可以将3张图片移成一行。这样，将超出窗口的部分通过“overflow: hidden;”来隐藏，即可实现如图6-6所示的效果。

代码如下：

```
【CSS部分】
.chuangkou{width:1800px;margin:0 auto;overflow:hidden;}
.yidong{width:5400px;}
.yidong>img{float:left;display:block;width:1800px;}
```

图6-5 布局过程

图6-6 大小设定

接下来安排底部的滚动按钮及两边用于滚动的控件按钮。它们都在窗口div框架内。如图6-7所示，白色部分的控件按钮在红色区域内，所以代码要写在“<div class="chuangkou"></div>”之中。代码如下：

```
【HTML部分】
<div class="chuangkou">
<div class="yidong">
        <img src="img/img (1).jpg">
        <img src="img/img (2).jpg">
        <img src="img/img (3).jpg">
</div>
```

然后设定底部按钮部分。

```
<ul>
        <li class="lanse"></li>
        <li></li>
        <li></li>
</ul>
```

接着设定两边空间按钮。

```
<input type="button" value="<">
<input type="button" value=">">
</div>
```

这里由于交互需要，要将光标经过（或单击）事件后的效果及光标经过（或单击）事件前的效果设计出来；将其中的一个<li>特殊命名为“class="lanse"”，以便后期编辑。

利用<input>标签插入两个按钮（button），设置值为“<”和“>”。

图6-7　控件设计构想

二、装饰设计

```
【CSS部分】
*{                  /*通配符“*”是设定所有内容*/
margin:0;           /*外边框大小为0*/
padding:0;          /*内填充为0*/
list-style:none;    /*列表样式为无*/
}
```

这里利用通配符是先将所有内容进行统一设定，一般情况下是去掉一些标签的默认值，以便后期编辑。代码如下：

```
.chuangkou{
width:1 800px;          /*宽度为1 800 px*/
margin:0 auto;          /*块居中*/
overflow:hidden;        /*溢出隐藏*/
position:relative;      /*相对定位*/
}
```

这里设定了窗口的样式：利用窗口的div盒子来控制显示范围。为了让图片能够适应当下主流显示器的分辨率，此处的宽度设置为1 800 px。

注意，块级标签有了宽度之后，就可以利用“margin: 0 auto;”进行居中，这属于固定用法。

因为<.yidong><ul><input>标签需要参考<.chuangkou>定位，所以要给<.chuangkou>加上“position:relative;”相对定位。代码如下：

```
.yidong{width:5400px;position:relative;}
.yidong > img{          /*大于号代表直接子级*/
float:left;             /*左浮动*/
display:block;          /*显示为块*/
width:1800px;
}
```

移动框<.yidong>为了能够装下所有图片，所以宽度设定为5 400 px，这样浮动后，图片才能排成一行。由于移动框需要后期根据坐标位置变化进行移动，且要保证整个移动轨迹不被占用，因此这里给移动框加上绝对定位。

```
ul{
position:absolute;      /*绝对定位*/
bottom:20px;            /*距离底部20 px*/
left:50%;               /*距离左边50%*/
margin-left:-36px;      /*左外边框-36 px，即向左移动36 px*/
}
ul li
        {float:left;
        width:20px;height:20px;
        background-color:white;     /*背景颜色为白色*/
        margin:6px;
```

```
        border-radius:50%;             /*半径为50%，即圆形*/
        }
```

然后设定底部按钮样式，代码如下：

```
input{width:50px;height:100px;position:absolute;top:50%;margin-top:-50px;}
.a_l{left:10px;}                    /*距离左边10 px*/
.a_r{right:10px;}                   /*距离右边10 px*/
.a_l:hover{opacity:0.5;}            /*光标经过：不透明度变为0.5*/
.a_r:hover{opacity:0.5;}
.lanse{background-color:#446CD6;}
```

其中，“hover”指光标经过样式，是伪类的使用方式。这里利用CSS进行简单交互设定。单独设置“.lanse”效果是为后期动态脚本做准备。

三、 动效脚本的编辑

```
$(document).ready(function(){       /*文档准备就绪*/
        var n=0                     /*声明变量n=0*/
        $(".a_r").click(function(){ /*鼠标单击事件*/
                if(n<2){n =n+1}     /*如果n<2时，n=n+1*/
                else{n=0}           /*否则n=0*/
                $(".yidong").stop().animate({left:-1800*n},1000)
                                    /*移动框向左移动1 800*n距离，补间1秒*/
$("li").removeClass("lanse")        /*删除“lanse”类*/
$("li").eq(n).addClass("lanse")     /*添加“lanse”类*/
        })
 if(n<2){n= n+1}
else{n=0}
```

这是一种布尔型变量的用法，具体参照第五章相关内容。

这里的所有编辑主要设定的是单击右侧按钮后产生的特效：每单击一次，移动框就向左侧移动相应距离，单击一次移动1 800 px，单击两次移动3 600 px，依次类推。这里只有3张图片，所以只能向左移动3次。那么我们需要设定变量条件为$n<2$，当$n<2$时，$n=n+1$；除此以外，$n=0$。当变量条件设定好以后，移动框就可以根据条件进行移动了：“$(".yidong").stop().animate({left:-1 800*n},1 000)”。

当单击按钮图片移动时，底部的小圆钮也会随之改变样式（见图6-8），所以这里先删除“lanse”类，在单击时根据每个单击“eq(n)”再添加“lanse”类，最终完成交互。代码如下：

```
        $(".a_l").click(function(){
                if(n>0){n=n-1}
                else{n=2}
                $(".yidong").stop().animate({left:-1800*n},1000)
    $("li").removeClass("lanse")     /*删除类“lanse”类*/
    $("li").eq(n).addClass("lanse")  /*添加类“lanse”类*/

        })
```

图6-8 底部的小圆钮

然后设定左侧按钮，代码如下：

```
        $("li").click(function(){
                n=$(this).index()    /*当前单击的部分*/
                $(".yidong").stop().animate({left:-1800*n},1000)
    $("li").removeClass("lanse")          /*删除“lanse”类*/
    $("li").eq(n).addClass("lanse")       /*添加“lanse”类*/
        })
    })
```

这部分所设定的是单击底下小圆钮之后图片的交互变化。

最终效果如图6-9所示。

图6-9 最终效果

第三节　综合案例（一）——页头部分设计

本案例的最终效果如图6-10所示。

了解我们
WELCOME TO OUR COMPANY

产品优势特点
PRODUCT ADVANTAGE FEATURES

主营产品
THE MAIN PRODUCTS

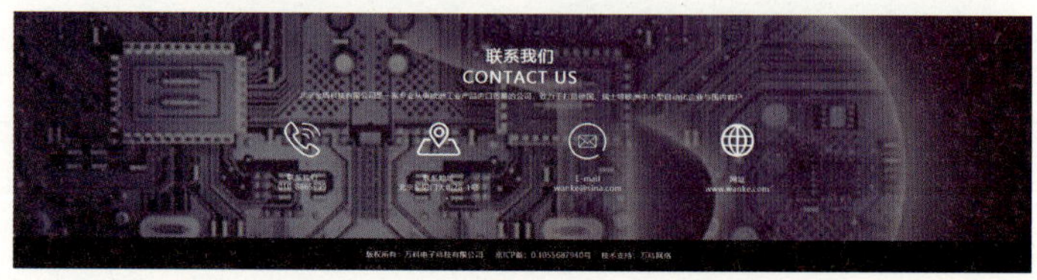

图6-10　综合案例最终效果图

一个实用性网站的主页包括导航模块、广告模块、信息展示模块以及版权模块等。这里我们就通过这几部分的搭建来了解一个完整页面的设计全过程。

一、页头部分搭建

页头部分通常包括导航、左右播放控件、下端切换控件、logo、广告语等。根据图6-11所示的效果图，可以构建如图6-12所示的模型思路。代码如下：

图6-11　页头部分搭建

```
【HTML部分】
<!--页头盒子，命名为“header”-->
<div class="header">                                  /*header的始标签*/

<!--背景图像-->
<img src="images/banner.png" class="banner">
<!--屏幕缩小后，即移动媒体、按钮和导航-->
<input type="button" class="m_nav">
        <div class="m_nav_c">
                <ul>
                <li><a href="">首页</a></li>
                <li><a href="">关于我们</a></li>
                <li><a href="">产品展示</a></li>
                <li><a href="">新闻资讯</a></li>
                <li><a href="">联系我们</a></li>
```

```
                </ul>
                        <div class="clearfix"></div>
        </div>
<!--左右按钮-->
<input type="button" class="a_left">
<input type="button" class="a_right">
<!--广告语-->
<div class="ggyu">
                <h1>专注于科技研发产品一站式服务</h1>
                <h2>SCIENCE AND TECHNOLOGY</h2>
                <p>是一家专业从事欧洲工业产品进口贸易的公司，致力于打造德国、瑞士等
                <br>欧洲中小型自动化企业与国内客户的连接桥梁</p>
                <input type="button" value="MORE >">
</div>
<!--导航-->
<div class="nav">
                <img class="logo" src="images/logo.png">
                <ul>
                <li><a href="">首页</a></li>
                <li><a href="">关于我们</a></li>
                <li><a href="">产品展示</a></li>
                <li><a href="">新闻资讯</a></li>
                <li><a href="">联系我们</a></li>
                </ul>
                        <div class="clearfix"></div>
</div>
<!--底部交互控件-->
        <ul class="article">
          <li></li>
          <li></li>
          <li></li>
          <li></li>
          </ul>
</div>                              /*header的尾标签*/
```

【CSS部分】

```
*{font-family:"微软雅黑"}                /*所有字体定义为微软雅黑*/
a{text-decoration:none;                 /*清除样式，这里即下划线*/
color:white;}                           /*字体颜色为白色*/
ul{margin:0;padding:0;                  /*内外边框大小为0*/
list-style:none;}                       /*列表样式为无*/
body,p{margin:0}                        /*外边框大小为0*/
.clearfix{clear:both;float:none;}       /*清除所有浮动*/
h1,h2{margin:0;}                        /*外边框大小为0*/
dl,dd{margin:0;}                        /*外边框大小为0*/
        input{margin:0;padding:0;       /*内外边框大小为0*/
outline:none;border: none;}             /*轮廓线：无；边框：无*/
img{display:block;}                     /*将img转换成块*/
```

通常在大量的代码下，为了方便编辑，可以先对一些标签的默认样式做统一清除。

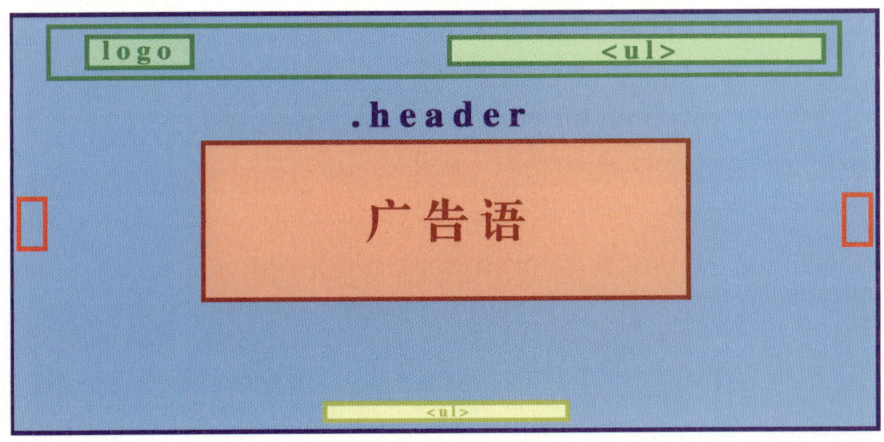

图6-12　结构分析

二、背景图像

蓝框为<.header>，里边包着一个<img>。如图6-13所示，<img>所在位置为背景图像。代码如下：

【HTML部分】

```
<!--背景图像-->
<img src="images/banner.png" class="banner">
```

【CSS部分】

```
.header{
overflow:hidden;                /*溢出隐藏*/
position:relative;
}
```

/*由于子级需要参考父级，因此这里将“header”盒子设置成相对定位*/

由于图片可能会大于“.header”（窗口）大小，因此这里设置溢出隐藏是为了使底部不出现横向滚动条。

```
.header > img{                  /*“>”表示直接子级*/
position:relative;              /*因为需要占位，所以采用相对定位*/
top:0;
left:50%;margin-left:-960px;
}
```

/*居中的办法，由于图片大小是1 920 px，所以这里要向左移动960 px*/

注意，背景图像是参照窗口定位的，但由于图像需要居中对齐，要通过定位移动来实现，因此要给图像加上相对定位，以用来占位。

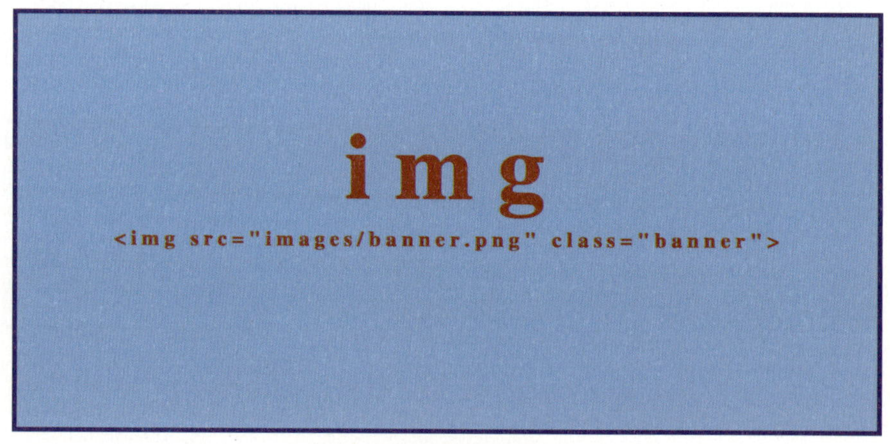

图6-13 标签布局分析

三、左、右按钮

左、右按钮可以用两个<input>标签插入“type="button"”来设置，分别命名为“class="a_left"”和“class="a_right"”即可。效果如图6-14所示。代码如下：

```
<!--左、右按钮-->
【HTML部分】
<input type="button" class="a_left">       /*左侧按钮*/
<input type="button" class="a_right">      /*右侧按钮*/

【CSS部分】
.a_left,.a_right{
position:absolute;                    /*绝对定位*/
top:50%;margin-top:-57px;             /*垂直方向中心对齐，具体方法可参考之前章节*/
```

左、右按钮是根据“.header”（窗口）定位的，且不需要占位，所以使用绝对定位即可（嵌套定位方式详见第五章有关内容）。

```
width:60px;height:114px;              /*宽60 px；高114 px*/
```

两个按钮大小相同，所以这里可以同时设置宽、高。

```
background-position:center;                 /*背景定位：中心对齐*/
background-repeat:no-repeat;                /*背景是否重复：不重复*/
background-color:rgba(255,255,255,0.00);    /*背景颜色*/
cursor:pointer;                             /*光标变化：手指样式*/
background-size:100%;                       /*背景大小：100%*/
}
```

这里要给两个按钮贴图。由于两个按钮除了左、右方向不同和距离左、右两边的位置不同外，其余设置都一致，因此这里统一设置两张图相同属性部分的内容。

```
.a_left{background-image: url(images/a-left.png);
left:10px}          /*距离左边10 px*/
.a_right{background-image:url(images/a-right.png);
right:10px;}        /*距离右边10 px*/
```

接着分别给两个按钮赋予不同的图片，且设置左、右各自的边距。

```
<!--伪类-->
```

```
.a_left:hover{background-color:rgba(88,195,224,0.2);}
.a_right:hover{background-color:rgba(88,195,224,0.2);}
```

利用“hover”伪类方式设置左、右按钮的交互后，光标经过，按钮颜色会变为“rgba(88,195,224,0.2)”，其中，“0.2”是颜色的不透明度值。

```
<!--媒体查询-->
@media (max-width:1000px){   /*最大宽度1 000 px，即内容小于1 000 px时*/
.a_left,.a_right{
margin-top:-38px;              /*上外边距为-38 px，即向上移动38 px*/
width:40px;height:76px;        /*宽40 px；高76 px*/
background-size:100%;}         /*背景尺寸100%*/
        }
```

媒体查询是在网页大小发生变化时的设定，目的是让网页在各种媒体或不同屏幕分辨率下使用户有更好的阅读体验。

注意，媒体查询应尽量写在相应代码下方。例如，要查询两端按钮的变化，就要在按钮相关代码的下方设定媒体查询。

图6-14　布局分析

四、广告语

广告语部分的整体效果如图6-15所示。代码如下：

```
<!--广告语-->
```

【HTML部分】

```
<div class="ggyu">
            <h1>专注于科技研发产品一站式服务</h1>
            <h2>SCIENCE AND TECHNOLOGY</h2>
            <p>是一家专业从事欧洲工业产品进口贸易的公司，致力于打造德国、瑞士等
            <br>欧洲中小型自动化企业与国内客户的连接桥梁</p>
            <input type="button" value="MORE >">
</div>
```

图6-15 广告语部分

广告语部分主要是文字内容，所以主要用到的标签都是文本类标签，如<h1><h2><p>
等，在使用前修改相应的默认值即可，效果如图6-16所示。代码如下：

【CSS部分】

```
.ggyu h1,.ggyu h2{margin:0;}                /*清除默认值：外边距为0*/

.ggyu{
position:absolute;                          /*广告语需要参考窗口定位，所以设定为绝对定位*/
top:50%;margin-top:-128px;                  /*设置垂直居中的方式*/
left:50%;width:80%;margin-left:-40%;        /*设置水平居中的方式*/
text-align:center;                          /*文本居中*/
color:white;}                               /*字体为白色*/

.ggyu h1{
font-size:42px;font-weight:normal;}         /*字号为42 px；字宽为无加粗*/
.ggyu h2{
```

```
font-size:58px;font-weight:normal;}        /*字号为58 px；字宽为无加粗*/

.ggyu p{
font-size:19px;padding-bottom:20px;}  /*字号为19 px；距离底边20 px*/

.ggyu input{
width:100px;height:34px;                    /*宽为100 px；高为34 px*/
border:solid 5px rgba(255,255,255,1.00);
/*描边为实线、5px、颜色rgba(255,255,255,1.00)*/
background-color:black;opacity:0.6;   /*背景色为黑色；透明度为60%*/
color:white;                                /*字体：白色*/
cursor:pointer;}                            /*鼠标指针样式：手指*/

.ggyu input:hover{
background-color:rgba(88,195,224,0.2);}        /*光标经过时输入背景色变为
rgba(88,195,224,0.2)，注意，其中的“0.2”是指颜色的不透明度值*/

<!--媒体查询-->
@media (max-width:1000px){            /*最大宽度1 000 px，即内容小于1 000 px时*/
.ggyu{margin-top:-228px;}             /*向上移动228 px*/
.ggyu h1{font-size:30px;}             /*字号为30 px*/
.ggyu h2{font-size:35px;}             /*字号为35 px*/
.ggyu p{font-size:14px;}              /*字号为14 px*/
    }
```

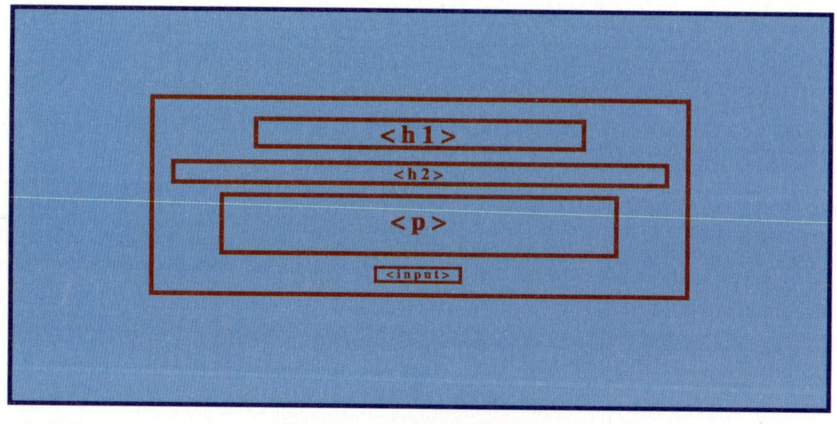

图6-16　广告语部分框架分析

广告语部分在经过媒体查询后（当宽度小于1 000 px时），整体位置向上移动228 px，<h1>的字号变为30 px，<h2>的字号变为35 px，<p>的字号变为14 px。

其目的是即使网页缩小，字体也能够被用户清晰地阅读，为其提供更好的体验，效果如图6-17、图6-18所示。

图6-17　移动界面

图6-18　移动界面广告

五、导航

导航部分的整体效果如图6-19所示。代码如下：

```
<!--导航-->
【HTML部分】
<div class="nav">
        <img class="logo" src="images/logo.png">
        <ul>
        <li><a href="">首页</a></li>
        <li><a href="">关于我们</a></li>
        <li><a href="">产品展示</a></li>
        <li><a href="">新闻资讯</a></li>
        <li><a href="">联系我们</a></li>
        </ul>
        <div class="clearfix"></div>
</div>
```

图6-19 导航

导航部分常用的标签是<ul><li>，这样可以避免大量使用<div>所造成的代码冗繁。其框架如图6-20所示。在使用前，不要忘记清除默认值。

注意，<div class="clearfix"></div>用于撑起父级，千万不能漏写。

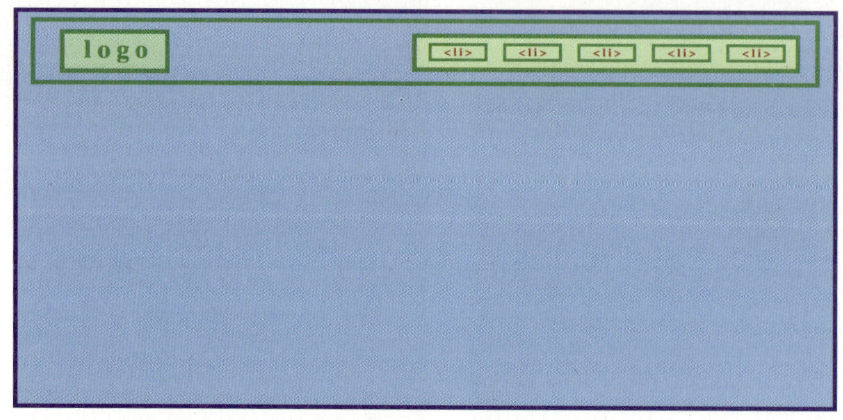

图6-20 导航部分框架分析

【CSS部分】

```
.nav{position:absolute;
top:20px;
```

导航参照窗口定位且不需要占位，所以设置为绝对定位。

```
left:50%;width:80%;margin-left:-40%;}
.logo{float:left;}          /*左浮动*/
.nav ul{float:right;}       /*右浮动*/
```

将logo和导航内容<ul>框通过左右浮动，分别设计在两侧。为了视觉效果美观，这里将导航整体设定为窗口的80%，给两端留出一些空白，然后下一步要将导航框居中，向左移动40%即可（margin-left:-40%）。

```
.nav li{
float:left;                 /*左浮动*/
```

导航整体内容部分采用右浮动，即<ul>部分。里边的<li>需要进行左浮动，将其转换成一行。

```
padding:3px 15px;        /*内填充上下均为3 px，左右均为15 px*/
line-height:30px;        /*行高30 px*/
margin:7px 15px;}        /*外边距上下均为7 px，左右均为15 px*/
```

为了视觉效果的美观，以及在单击各项内容时方便用户使用，通常把单击范围设置得大于字体本身的大小，所以可以给<li>添加一定的内外边距来进一步完善。这里内填充和外边距的写法为简写，具体参考前文。

```
.nav li:hover{              /*光标经过<li>*/
background-color:rgba(88,195,224,0.2);
border-radius:2px;}     /*圆角：2 px*/
```

利用CSS伪类的方式给<li>增加一些简单的交互效果。

```
<!--移动媒体导航-->
//这部分是对导航按钮控件的设置
.m_nav{width:40px;height:20px;background-image:url(images/m_nav.png);background-repeat:no-repeat;background-position:center;background-size:100%;background-color:transparent;position:absolute;top:48px;left:56px;display:none;cursor:pointer;}
//这部分是对导航内容条的设置
.m_nav_c{width:80%;position:absolute;background-color:rgba(255,255,255,1.00);top:70px;left:50%;margin-left:-40%;}
//这部分是对导航各内容的设置
.m_nav_c li{width:20%;float:left;text-align:center;}
//这部分是对导航各内容的交互设置
.m_nav_c li:hover{background-color:rgba(88,195,224,0.2);border-radius:2px;}
.m_nav_c a{color:rgba(80,80,80,1.00);}
```

<!--移动媒体导航-->部分是响应式布局，是为了当屏幕分辨率缩小时（如使用平板电脑、手机等移动媒体阅读）给用户提供更多的界面样式及更佳的使用体验所做的移动版样式，效果如图6-21所示。此部分当屏幕宽度为1 000 px以上时隐藏不可见，小于1 000 px时则通过交互方式显示出来。

```
<!--媒体查询-->
@media (max-width:1000px){
        .nav ul,.logo{display:none;}        /*不可见*/
```

```
.m_nav{display:block;}                /*显示*/
}
```

图6-21 移动导航变化

“.m_nav”是移动导航按钮控件，当屏幕宽度小于1 000 px时，控件即可显现。这时，通过该按钮可产生交互效果：光标移到按钮上（mouseenter）时，移动导航“.m_nav_c”出现“fadeIn(500)”；光标离开（mouseleave）时，导航渐隐“fadeOut(2 000)”；当光标移到导航上时，导航内容显现“fadeIn()”。具体代码如下：

```
【JavaScript部分】
$(".m_nav_c").hide()                         /*m_nav_c移动导航内容隐藏*/
        $(".m_nav").mouseenter(function(){       / *光标经过m_nav移动导航时*/
        $(".m_nav_c").fadeIn(500)                /*渐显0.5秒*/
                })
        $(".m_nav_c").mouseleave(function(){   /*光标离开*/
$(".m_nav_c").fadeOut(2000)
                })                                /*渐隐2秒*/
        $(".m_nav_c").mouseenter(function(){   /*光标进入*/
        $(".m_nav_c").fadeIn()                   /*渐显*/
                })
```

六、 底部页面轮播按钮

底部页面轮播按钮的效果如图6-22所示。代码如下：

```
<!--底部页面轮播按钮-->
【HTML部分】
<ul class="article">
        <li></li>
```

```
        <li></li>
        <li></li>
        <li></li>
        </ul>
</div>
```

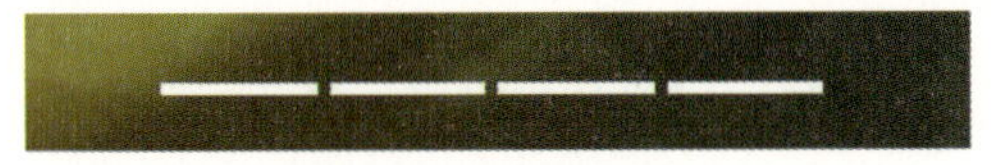

图6-22 轮播按钮

通常，这种按钮使用<ul>和<li>搭建，效果如图6-23所示。

```
【CSS部分】
.article{position:absolute;bottom:30px;left:50%;margin-left:-106px;}
```

轮播按钮嵌套于“.header”中，所以使用绝对定位，且水平居中。

```
.article li{float:left;width:50px;height:4px;margin:0 2px;background-color: white;
opacity:1;                    /*不透明度为1，即100%*/
transition:opacity 0.5s;}     /*补间动画0.5秒*/
.article li:hover{background-color:rgba(88,195,224,1.00);opacity:0.2;}
```

这里是通过<transition>将背景颜色“rgba(88,195,224,1.00)”从不透明度“opacity:0.2”补间到“opacity: 1”，用时0.5秒。

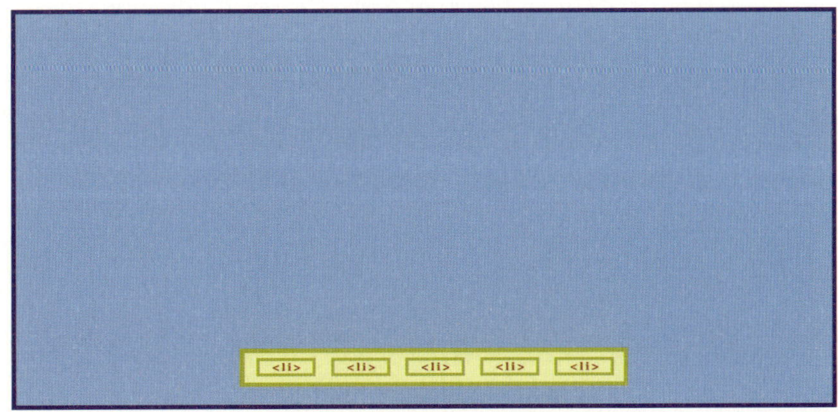

图6-23 标签布局

第四节　综合案例（二）——产品部分设计

网页的产品部分分为四块：了解我们、产品优势特点、手机下载APP、主营产品。这部分主要是图文布局方式的应用，且以文本布局为主。

一、“了解我们”部分

此部分的整体效果如图6-24所示。

图6-24　了解我们

此部分的框架建立方式和之前页头中的广告语部分相似，如图6-25所示。代码如下：

【HTML部分】

```
<div class="about_box">
        <h1>了解我们</h1>
        <h2>WELCOME TO OUR COMPANY</h2>
        <p>北京金盾科技有限公司是一家专业从事欧洲工业产品进口贸易的公司，致力于打造德国、瑞士等欧洲中小型自动化企业与国内客户<br>的连接桥梁，专注于做工控产品和用户之间的一站式供应商。主要产品有工业自动化设备、机电工控设备、液压设备等。</p>
        <div class="about"><img src="images/understand us.png"></div>
</div>
```

【CSS部分】

```
.about_box{width:100%;      /*宽度：100%*/
text-align:center;}          /*文字居中*/
```

“了解我们”外部div盒子应按照100%窗口大小设定，且文字居中。采用百分比的方式是为了和之前页头部分的设定相呼应，做到响应式的布局效果。

```
.about_box h2{
margin:0 auto 5px;
/*这是一种简写的方式，“0”表示上部外边距，“auto”（自动）是指左右两边，“5px”是指下部外边距；左右自动可以使文字居中*/
font-weight:normal;}                /*字宽：正常*/

.about_box h1{
margin:60px auto 0;                 /*方法同上*/
font-weight:normal;}
.about_box p{font-size:14px;}       /*字号：14 px*/
.about > img{margin:60px auto 0;}
```

如果屏幕宽度发生改变，用户在宽度1 000 px以下的屏幕上阅读时，会产生以下变化：

```
<!--媒体查询-->
@media (max-width:1000px){
        .about_box h1,.about_box h2{padding:0 20px;font-size:20px;}
/*注意，逗号分隔选择器表示“和”的意思；同时不要忘记自定义选择器前都要加“.”*/
        .about_box p{padding:0 20px;font-size:12px;}
        .about > img{
width:calc(80%-20px);}              /*计算：80%宽度-20 px*/
```

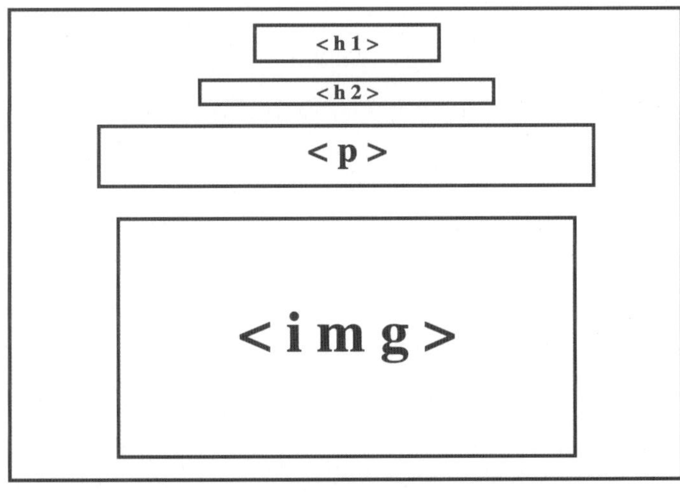

图6-25　“了解我们”部分框架分析

二、“产品优势特点”部分

此部分的效果如图6-26所示。代码如下：

```
【HTML部分】
<div class="pro_box">
        <h1>产品优势特点</h1>
        <h2>PRODUCT ADVANTAGE FEATURES </h2>
        <p>北京金盾科技有限公司是一家专业从事欧洲工业产品进口贸易的公司，致力于打
造德国、瑞士等欧洲中小型自动化企业</p>
</div>
```

此部分搭建方式和上例完全一致，这里不再赘述。

产品优势特点

PRODUCT ADVANTAGE FEATURES

北京金盾科技有限公司是一家专业从事欧洲工业产品进口贸易的公司，致力于打造德国、瑞士等欧洲中小型自动化企业

图6-26　产品优势特点

图文混排部分的效果如图6-27所示。

图6-27　图文混排部分

此部分内容可以使用<dl><dt><dd>来搭建，目的是不要通篇都是<div>，而要有效地利用各种标签的特性，发挥最大优势，灵活编辑。这有助于计算机对代码的高效读取。框架如图6-28所示。代码如下：

```
【HTML部分】
<div class="pro">
        <dl>
                <dt><img src="images/gaoke.png"></dt>
                <dd>高科技产品</dd>
        </dl>
```

```
        <dl>
            <dt><img src="images/zhuanyan.png"></dt>
            <dd>专业研发团队</dd>
        </dl>
        <dl>
            <dt><img src="images/xinying.png"></dt>
            <dd>新颖的设计</dd>
        </dl>
        <dl>
            <dt><img src="images/rengong.png"></dt>
            <dd>人工智能体系</dd>
        </dl>
        <dl>
            <dt><img src="images/quanzi.png"></dt>
            <dd>全自动服务流程</dd>
        </dl>
        <div class="clearfix"></div>
</div>
```

【CSS部分】

```
.pro_box{text-align:center;}   /*文本居中*/
.pro_box h2{
margin-bottom:5px;             /*下外边距5 px*/
font-weight:normal;            /*字宽正常*/
font-size:30px;}               /*字号：30 px*/
.pro_box h1{
margin-top:60px;
font-weight:normal;            /*字宽正常*/
font-size:30px;}               /*字号：30 px*/
.pro_box p{font-size:14px;}    /*字号：14 px*/
.pro dl{
float:left;                    /*左浮动*/
width:20%;}                    /*宽度20%*/
```

```
.pro dt img{margin:0 auto;}
/*居中。注意，必须在有宽度的情况下才可以采用此种方式进行居中对齐*/
.pro{
margin:60px auto 0;
 /*水平居中，上外边距为60px，下外边距为0 px*/
width:90%;}                    /*宽度为90%*/
.pro dd{text-align:center;}      /*文本居中*/

<!--媒体查询-->
@media (max-width:1000px){
            .pro_box h1,.pro_box h2{padding:0 20px;font-size:20px;}
            .pro_box p{padding:0 20px;font-size:12px;}
            .pro{width:calc(100%-20px);}
            .pro dt img{width:80%;}
            .pro dd{font-size:12px;}
      }
```

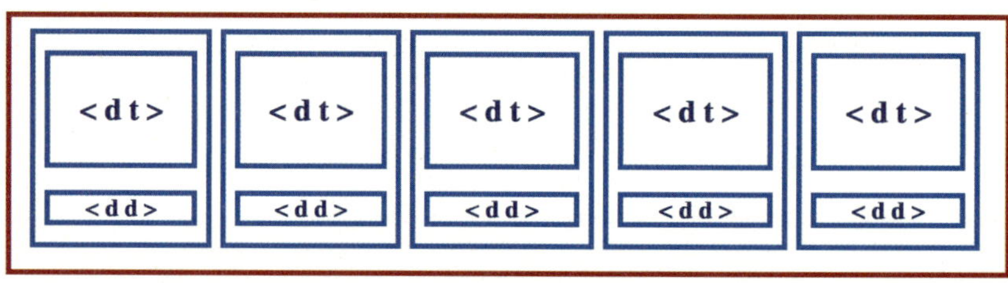

图6-28 “产品优势特点”部分框架分析

三、“手机下载APP”部分

此部分的效果如图6-29所示。代码如下：

```
【HTML部分】
<div class="app_box">
      <img src="images/shouji.png" class="shouji">
      <img src="images/APP_bg.png" class="shouji_b">
      <div class="app_c">
      <h1>手机下载APP</h1>
      <h2>DOWNLOAD APP</h2>
```

```
        <p>北京金盾科技有限公司是一家专业从事欧洲工业产品进口贸易的<br>公司，致力于打造德国、瑞士等欧洲中小型自动化企业</p>
        <img src="images/erweima.png">
        </div>
</div>
```

图6-29　手机下载APP

此处布局的特殊之处在于：手机部分“.shouji”需要撑起背景的大框“.app_box”，即红色部分；背景图像与底端对齐。框架如图6-30所示。

```
【CSS部分】
//以下是背景盒子部分
.app_box{               /*app盒子，即外边的红色大框*/
margin-top:150px;
/*这里的设定是为了和上边的“产品优势特点”部分拉开距离*/
position:relative;      /*它是父级，所以设定相对定位，以便后期实现嵌套*/
overflow:hidden;        /*溢出隐藏*/
width:100%;}            /*100%显示*/

//以下是手机图像部分
.shouji
{position:relative;     /*需要用它的高度撑起“.app_box”盒子，所以设定相对定位*/
left:100px;             /*距离左边100 px*/
z-index:1;}             /*层：1，由于手机图像需要放在背景图像之上，所以它在Z层的最上方；*/
```

注：z-index指Z轴的层数，数字越大，层数越高，位置越靠上；当没有设置层数时，首次设置z-index属性，可以任意取值，该层都会在最上方。

```
//以下是背景部分
.shouji_b{
position:absolute;                                /*绝对定位*/
left:50%;bottom:0;margin-left:-960px;}           /*居中且距离底边0 px*/
```

这里的背景图像小于背景的红色大框，所以不需要它来撑起父级，只要将它设置为绝对定位（position:absolute）即可，且将其定位在距离底边0 px的位置（bottom:0）。

```
//以下是右边文本部分
.app_c{
position:absolute;          /*绝对定位*/
top:230px;right:200px;      /*距离顶边230 px，距离右边200 px*/
text-align:center;          /*文本居中*/
color:white;}               /*文字颜色为白色*/
.app_c > img{
margin:0 auto;              /*图像居中*/
padding-top:30px;}          /*顶部内部填充30 px*/
```

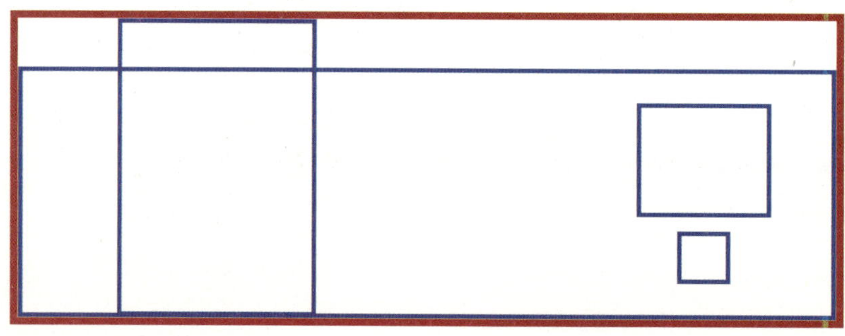

图6-30　“手机下载APP”部分框架分析

宽度小于1 500 px时的效果如图6-31所示。代码如下：

```
<!--媒体查询-->
    @media (max-width:1500px){          /*宽度小于1 500 px*/
            .app_c{right:100px;}
            .shouji{left:10px;}
    }
```

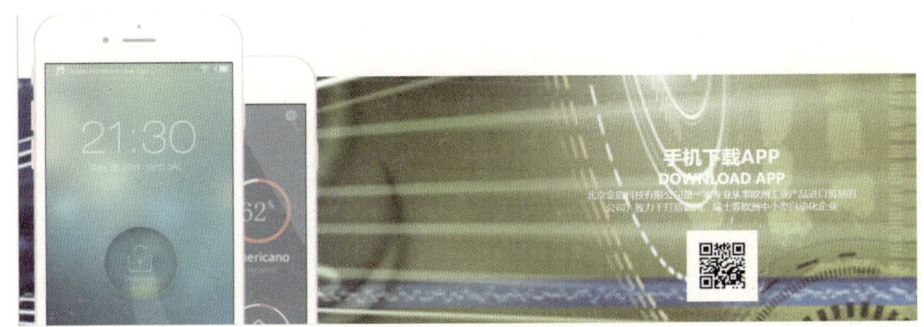

图6-31 宽度小于1 500 px时的效果

宽度小于1 200 px时的效果如图6-32所示。代码如下：

```
@media (max-width:1200px){    /*宽度小于1 200 px*/
        .app_c{left:50%;width:80%;margin-left:-40%;}
        .shouji{left:-1000px;}
}
```

图6-32 宽度小于1 200 px时的效果

四、“主营产品”部分

图6-33所示效果的代码如下：

```
【HTML部分】
<div class="zhuying_box">
        <h1>主营产品</h1>
        <h2>THE MAIN PRODUCTS</h2>
        <p>北京金盾科技有限公司是一家专业从事欧洲工业产品进口贸易的公司，致力于打造德国、瑞士等欧洲中小型自动化企业</p>
</div>
```

这部分可以参考前例。

主营产品

THE MAIN PRODUCTS

北京金盾科技有限公司是一家专业从事欧洲工业产品进口贸易的公司，致力于打造德国、瑞士等欧洲中小型自动化企业

图6-33 主营产品

产品内容模块（见图6-34）相对复杂，可以将这些产品分成两行，利用两个div盒子构建，在其中再各分为四列<dl>部分。框架结构如图6-35所示。代码如下：

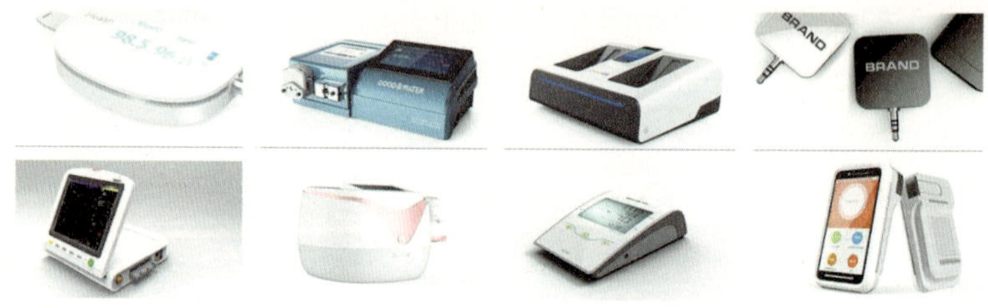

图6-34 产品内容模块

```
【HTML 部分】
<div class="chanpin">                                   /*红色框div始标签*/
//第一行div盒子
<div class="chanpin1">
        <dl>
            <dt><img src="images/chan1.png"></dt>
            <dd><a href="">科技产品01</a></dd>
        </dl>
        <dl>
            <dt><img src="images/chan2.png"></dt>
            <dd><a href="">科技产品02</a></dd>
        </dl>
        <dl>
            <dt><img src="images/chan3.png"></dt>
            <dd><a href="">科技产品03</a></dd>
        </dl>
        <dl>
            <dt><img src="images/chan4.png"></dt>
            <dd><a href="">科技产品04</a></dd>
        </dl>
```

```
        <div class="clearfix"></div>
</div>

//第二行div盒子
<div class="chanpin2">
        <dl>
            <dt><img src="images/chan5.png"></dt>
            <dd><a href="">科技产品05</a></dd>
        </dl>
        <dl>
            <dt><img src="images/chan6.png"></dt>
            <dd><a href="">科技产品06</a></dd>
        </dl>
        <dl>
            <dt><img src="images/chan7.png"></dt>
            <dd><a href="">科技产品07</a></dd>
        </dl>
        <dl>
            <dt><img src="images/chan8.png"></dt>
            <dd><a href="">科技产品08</a></dd>
        </dl>
        <div class="clearfix"></div>
    </div>
</div>                                          /*红色框div尾标签*/
```

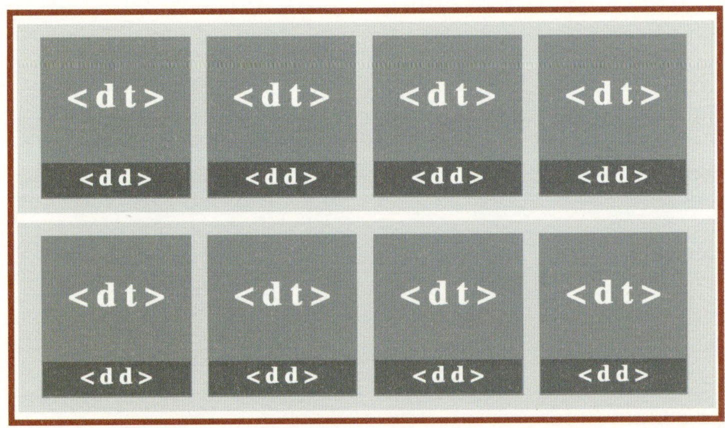

图6-35 框架分析

```
【CSS部分】
.chanpin1,.chanpin2{margin:0 auto;width:1144px;}
.chanpin1 dl{margin:50px 10px 0;}
.chanpin2 dl{margin:15px 10px 0;}
.chanpin1 dl,.chanpin2 dl{float:left;position:relative;}
.chanpin1 dt{overflow:hidden;}
.chanpin1 dt img{transition:transform 0.8s;}
.chanpin1 dt:hover img{transform:scale(1.2,1.2);}
```

注意，这里通过伪类的方式建立了一个简单的动效内容：光标经过“.chanpin1 dt”时内容放大1.2倍，且补间时间为0.8秒，效果如图6-36所示。

图6-36　交互分析①

```
.chanpin2 dt{overflow:hidden;}
.chanpin2 dt img{transition:transform 0.8s;}
.chanpin2 dt:hover img{transform:scale(1.2,1.2);}
.chanpin1 dt img,.chanpin2 dt img{margin:0 auto;}
.chanpin1 dd,.chanpin2 dd{width:100%;position:absolute;bottom:0;text-align:
center;background-color:rgba(0,0,0,0.50);color:white;}
.chanpin{padding:50px;}
```

这里主要设置的是关于产品展示的各个div盒子中<dt><dd>的一些修饰属性。此部分修饰内容和之前章节介绍的基本一致，所以不再赘述。

```
【JavaScript部分】
$(".chanpin1 dd").hide()          /*将第一行中的dd隐藏*/
$(".chanpin2 dd").hide()          /*将第二行中的dd隐藏*/
```

这里是指在默认情况下第一行和第二行的<dd>（即产品说明文字）是隐藏的，效果如图6-37所示。

图6-37 交互分析②

```
$(".chanpin1 dt").mouseenter(function(){          /*光标进入“.chanpin1 dt”时*/
    $(".chanpin1 dd").slideDown(800)              /*下滑0.8秒*/
    })
    $(".chanpin2 dt").mouseenter(function(){  /*光标进入“.chanpin2 dt”时*/
        $(".chanpin2 dd").slideDown(800)          /*下滑0.8秒*/
    })
```

当光标进入第一行和第二行<dt>时，产生动效：<dd>向下展开用时0.8秒，即各部分产品说明的文字显示出来，效果如图6-38所示。

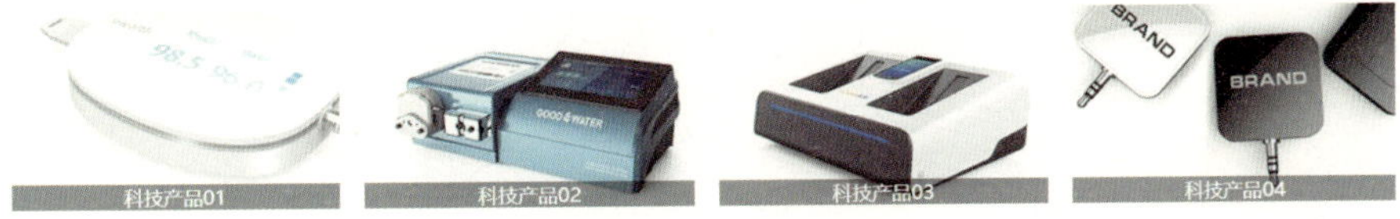

图6-38 交互结果③

```
$(".chanpin").mouseleave(function(){
    $(".chanpin1 dd").slideUp(800)
 })
$(".chanpin").mouseleave(function(){
    $(".chanpin2 dd").slideUp(800)
})
```

这部分设置的目的与上一部分相同，就是当光标离开“.chanpin”盒子范围后，文字部分隐藏，与上一部分设置正好形成一个完整的交互系统。

```
<!--移动端产品展示-->
【HTML部分】
<div class="chanpin_m">
//第一行div盒子
```

```
<div class="chanpin1_m">
            <dl>
                  <dt><img src="images/chan1.png"></dt>
                  <dd><a href="">科技产品01</a></dd>
            </dl>
            <dl>
                  <dt><img src="images/chan2.png"></dt>
                  <dd><a href="">科技产品02</a></dd>
            </dl>
       <div class="clearfix"></div>
      </div>

//第二行div盒子
<div class="chanpin2_m">
            <dl>
                  <dt><img src="images/chan3.png"></dt>
                  <dd><a href="">科技产品03</a></dd>
            </dl>
            <dl>
                  <dt><img src="images/chan4.png"></dt>
                  <dd><a href="">科技产品04</a></dd>
            </dl>
            <div class="clearfix"></div>
      </div>

//第三行div盒子
<div class="chanpin3_m">
            <dl>
                  <dt><img src="images/chan5.png"></dt>
                  <dd><a href="">科技产品05</a></dd>
            </dl>
            <dl>
                  <dt><img src="images/chan6.png"></dt>
                  <dd><a href="">科技产品06</a></dd>
            </dl>
```

```
                <div class="clearfix"></div>
        </div>

//第四行div盒子
<div class="chanpin4_m">
                <dl>
                        <dt><img src="images/chan7.png"></dt>
                        <dd><a href="">科技产品07</a></dd>
                </dl>
                <dl>
                        <dt><img src="images/chan8.png"></dt>
                        <dd><a href="">科技产品08</a></dd>
                </dl>
                <div class="clearfix"></div>
        </div>
</div>
```

<!--移动端产品展示-->是在屏幕宽度缩小时（如手机端）所使用的效果：将两行四列的展示布局改为四行两列，这样能够保证产品展示的最佳效果，如图6-39所示。

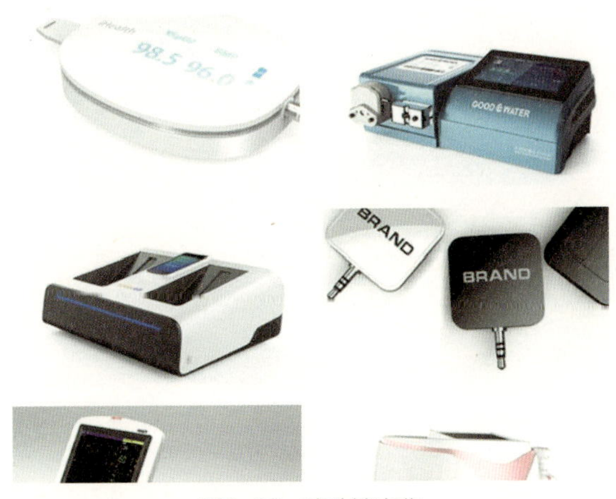

图6-39 移动端变化

```
【CSS部分】
<!--移动端产品展示-->
.chanpin_m{display:none;padding:50px;}
```

```
.chanpin1_m,.chanpin2_m,.chanpin3_m,.chanpin4_m{width:612px;margin:0 auto;}
.chanpin1_m dl,.chanpin2_m dl,.chanpin3_m dl,.chanpin4_m dl{float:left;position:relative;
margin:10px;}
.chanpin1_m img,.chanpin2_m img,.chanpin3_m img,.chanpin4_m img{margin:
0 auto;}
.chanpin1_m dd,.chanpin2_m dd,.chanpin3_m dd,.chanpin4_m dd{width:100%;position:
absolute;bottom:0;text-align:center;background-color:rgba(0,0,0,0.50);color:white;}

.zhuying_box{text-align:center;}
.zhuying_box h2{margin:0 auto 5px;font-weight:normal;margin-bottom:5px;font-
size:30px;}
.zhuying_box h1{margin:60px auto 0;margin-top:60px;font-weight:normal;font-
size:30px;}
.zhuying_box p{font-size:14px;}

<!--媒体查询-->
@media (max-width:1000px){
        .zhuying_box h1,.zhuying_box h2{padding:0 20px;font-size:20px;}
        .zhuying_box p{padding:0 20px;font-size:12px;}
        }
        @media (max-width:1200px){
                .chanpin{display:none;}
                .chanpin_m{display:block;}
        }
```

移动端的属性设置和计算机的属性设置基本一致，区别就是由两行变为4行，内容相对放大，增强了小屏幕上的可视效果。

【JavaScript部分】

```
$(".chanpin1_m dd").hide()
        $(".chanpin2_m dd").hide()
        $(".chanpin3_m dd").hide()
        $(".chanpin4_m dd").hide()
        $(".chanpin1_m dt").mouseenter(function(){
                $(".chanpin1_m dd").slideDown(800)
        })
```

```
$(".chanpin2_m dt").mouseenter(function(){
        $(".chanpin2_m dd").slideDown(800)
})
$(".chanpin3_m dt").mouseenter(function(){
        $(".chanpin3_m dd").slideDown(800)
})
$(".chanpin4_m dt").mouseenter(function(){
        $(".chanpin4_m dd").slideDown(800)
})
$(".chanpin_m").mouseleave(function(){
        $(".chanpin1_m dd").slideUp(800)
})
$(".chanpin_m").mouseleave(function(){
        $(".chanpin2_m dd").slideUp(800)
})
$(".chanpin_m").mouseleave(function(){
        $(".chanpin3_m dd").slideUp(800)
})
$(".chanpin_m").mouseleave(function(){
        $(".chanpin4_m dd").slideUp(800)
})
```

这部分的交互效果和之前的交互设置完全一致。

第五节 综合案例（三）——版权部分设计

网页版权部分的整体效果如图6-40所示。

图6-40 版权部分

此部分的框架和“产品优势特点”部分的框架相似，可以借鉴编写。它整体分为三部分：文字部分（lianxi_box）、图示部分（contact_us）和页脚文字部分（footer），如图6-41、图6-42所示。代码如下：

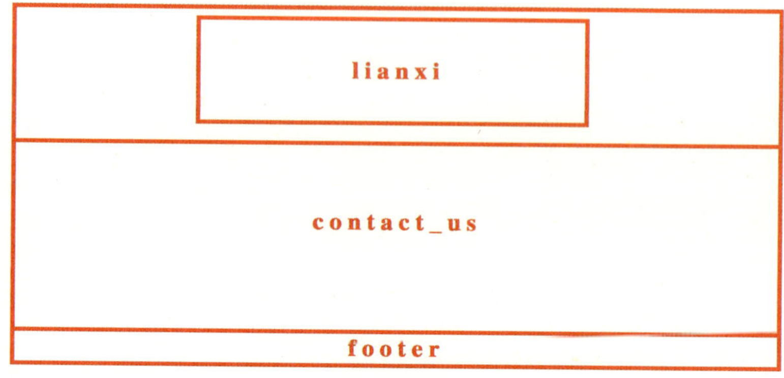

图6-41 版权部分框架分析①

图6-42 版权部分框架分析②

```
<!--整个版权部分盒子-->
【HTML部分】
<div class="lianxi_box">
        <img src="images/lianxiwomen_bg.png">

<!--文字部分-->
        <div class="lianxi">
                <h1>联系我们</h1>
                <h2>CONTACT US</h2>
                <p>北京金盾科技有限公司是一家专业从事欧洲工业产品进口贸易的公司，致
力于打造德国、瑞士等欧洲中小型自动化企业与国内客户
                </p>
        </div>
```

“lianxi”部分主要承载文字信息，所用的标签均是文本标签，如<h1><h2><p>。

```
【CSS部分】
<!--整个版权部分盒子-->
.lianxi_box{position:relative;overflow:hidden;margin-top:50px;}
.lianxi_box > img{position:relative;left:50%;margin-left:-960px;}

<!--文字部分-->
.lianxi{position:absolute;text-align:center;width:100%;top:50px;left:50%;margin-left:-50%;}
.lianxi h1{margin-top:20px;font-weight:normal;font-size:30px;color:white;}
.lianxi h2{font-weight:normal;margin-bottom:5px;font-size:30px;color:white;}
.lianxi p{font-size:14px;color:white;}

<!--图示部分-->
【HTML部分】
<div class="contact_us">
        <dl>
            <dt><img src="images/lianxiwomen.png"></dt>
            <dd>联系我们<br>010-8865999</dd>
        </dl>
        <dl>
            <dt><img src="images/lianxidizhi.png"></dt>
            <dd>联系地址<br>北京朝阳门大街28-1号</dd>
        </dl>
        <dl>
            <dt><img src="images/E-mail.png"></dt>
            <dd>E-mail<br>wanke@sina.com</dd>
        </dl>
        <dl>
            <dt><img src="images/wangzhi.png"></dt>
            <dd>网址<br>www.wanke.com</dd>
        </dl>
        <div class="clearfix"></div>
    </div>
</div>
```

“contact_us”部分的布局方式和“产品优势特点”部分的布局结构相同，所以可参考上例编辑。其布局结构如图6-43所示。

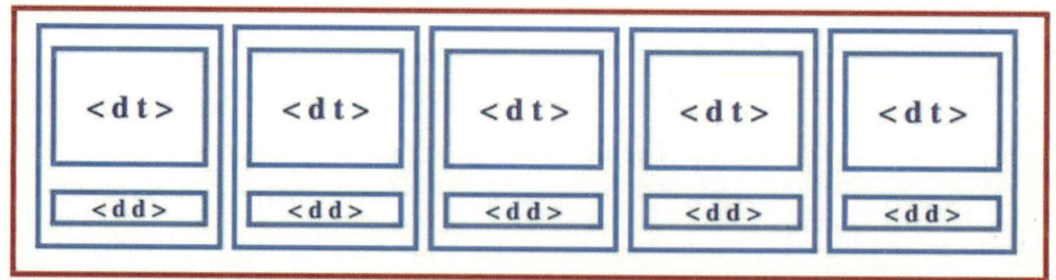

图6-43　框架分析

```
<!--图示部分-->
【CSS部分】
.contact_us{position:absolute;bottom:100px;left:50%;width:70%;margin-left:-35%;}
.contact_us dl{float:left;width:25%;}
.contact_us dt img{margin:0 auto;}
.contact_us dd{color:white;text-align:center;}
@media (max-width:1000px){
        .lianxi h1,.lianxi_box h2{padding:0 20px;font-size:20px;}
        .lianxi_box p{padding:0 20px;font-size:12px;}
        }
        @media (max-width:800px){
        .contact_us{width:calc(100%-20px);left:50%;margin-left:-50%;}
        .contact_us dd{font-size:12px;}
        }

<!--页脚版权信息部分-->
【HTML部分】
<div class="footer">
        &copy;版权所有：万科电子科技有限公司    京ICP备：
0.1055687940号   技术支持：万科网络
</div>
```

“footer”部分主要承载的是版权信息，所以只要用一个div盒子套住里面的信息即可。

“ ”是指插入空格符；“©”是指插入版权符号。

<!--页脚版权信息部分-->

【CSS部分】

```
.footer{width:100%;height:50px;background-color:rgba(0,0,0,1.00);color:white;line-height:50px;text-align:center;font-size:12px;}
```

通过上述综合案例的介绍，我们已系统地完成了一个常规商业网页的整体设计过程。其常用模块主要分为页头部分（导航、广告、标志等）、主体信息（产品展示、联系我们、公司简介等）、页脚（版权信息、相关链接等）三部分。其主要搭建标签可使用<div><span><ul><li><dl><dt><dd>等，文本方面主要使用<h1><h2><p>等进行搭建。进行CSS修饰时，在设计内容较大的网页前，可以对标签的默认属性先统一清除，以免于后期编辑时默认属性的干扰。CSS3中可以使用简单的交互方式，如伪类、动画等，但是过于复杂的效果还是要依赖于JavaScript的编辑。

参考文献

[1] 王筱丹, 朱光. 书籍设计[M]. 合肥：安徽美术出版社，2016.

[2] 梁迪宇. 美术理论与艺术设计[M]. 北京：中国原子能出版社，2017.

[3] 张毅. 网页设计[M]. 重庆：重庆大学出版社，2012.

[4] 何新起，任慎存，田月梅. 网页设计与前端开发——从入门到精通[M]. 北京：人民邮电出版社，2016.

[5] 陈承欢. JavaScript+jQuery网页特效设计实例教程[M]. 北京：人民邮电出版社， 2013.

[6] SATERNOS. 全端Web开发: 使用JavaScript与Java[M]. 王群锋，杜欢，译. 北京：人民邮电出版社， 2013.

[7] 温谦，周建国，练源. 网页设计与布局项目化教程：HTML+CSS+DIV[M]. 北京：人民邮电出版社，2013.

[8] 莫振杰. Web前端开发精品课：HTML与CSS基础教程[M]. 北京：人民邮电出版社，2016.

[9] 张晓景，胡克. HTML5+CSS3网站设计教程[M]. 北京：人民邮电出版社，2015.